时装设计师工作手册
服装款式设计1000例

董哲/编著

人民邮电出版社
北京

图书在版编目（CIP）数据

时装设计师工作手册：服装款式设计1000例 / 董哲
编著. -- 北京：人民邮电出版社，2017.3（2017.7重印）
ISBN 978-7-115-44699-2

Ⅰ. ①时… Ⅱ. ①董… Ⅲ. ①服装款式－款式设计－
手册 Ⅳ. ①TS941.2-62

中国版本图书馆CIP数据核字(2017)第010842号

内 容 提 要

本书精选了1000款经典基本款和当下流行的变化款的服装款式，将所有款式分为了局部细节款式设计、上装款式设计、下装款式设计和一体装款式设计 4 个部分。局部细节款式设计主要包括袖子、领子、口袋、鞋子和腰带等几大类；上装设计主要包括 T 恤、衬衫、夹克、开衫和大衣等款式；下装设计主要包括短裤、长裤、七分裤和短裙等款式；一体装设计主要包括连衣裙、抹胸裙等款式。每一类都安排了带有详细步骤的经典案例，让读者更直观地学习服装款式图的绘制过程，对服装款式图有更深入的理解。

为了更加方便读者学习，本书提供了与书中分类对应的不同款式图的源文件，帮助读者举一反三，绘制出更多标准、优秀的服装款式图。

本书中的服装款式设计标准、时尚，不仅可以作为服装设计专业学生的学习教材，也可作为服装设计师绘制服装款式图的参考手册。

◆ 编　　著　董　哲
　责任编辑　杨　璐
　责任印制　陈　犇
◆ 人民邮电出版社出版发行　　北京市丰台区成寿寺路 11 号
　邮编　100164　　电子邮件　315@ptpress.com.cn
　网址　http://www.ptpress.com.cn
　北京九州迅驰传媒文化有限公司印刷
◆ 开本：880×1092　1/16
　印张：17
　字数：251 千字　　　　　　　2017 年 3 月第 1 版
　印数：3 001–3 800 册　　　　2017 年 7 月北京第 3 次印刷

定价：49.80 元
读者服务热线：(010)81055410　印装质量热线：(010)81055316
反盗版热线：(010)81055315
广告经营许可证：京东工商广登字 20170147 号

前言

服装设计是一门综合性很强的学科，不仅是简单的艺术形式呈现，更融合了人文、历史和人体工程学等多门学科的知识。作为一门综合性的艺术，服装设计具有一般实用艺术的共性，但在内容、形式以及表达手段上又具有自身的特性。

要想成为一名优秀的服装设计师，不仅需要扎实和过硬的服装设计基本功，还要有把握流行趋势的敏锐观察力。设计的服装款式不仅要适合市场需求，还要注重服装的实用性和舒适性。除此之外，我个人觉得分享和交流也是十分重要的。从《时装画手绘技法专业教程》到《时装设计效果图马克笔表现技法》，再到这本关于服装款式设计的书，一直以来我都希望把我所知道的服装设计知识和这么多年积累的服装设计工作经验分享给更多的朋友，希望我所走过的弯路不再被其他的朋友重复，这也算是为中国的服装设计略尽绵薄之力。我也希望有更多的朋友愿意与我交流服装设计方面的经验，对我的书提出更多的建议，以便及时改正。

服装款式图是表达服装造型及细节设计的平面造型图，大多的绘制方式是手绘或使用电脑制作。在手绘的过程中，都是用等比例人体原型缩放的方式来绘图，这样绘制出的款式图才能进一步进行打版制作。至于电脑绘图，一些软件可以很直观地标注和调节服装款式图的长度、弧度等，这样可以更方便地进行款式图的绘制。电脑绘图通常会使用Adobe Illustrator及AutoCAD这两款软件。

本书精选了1000款当下流行的服装款式，分为局部细节设计、上装设计、下装设计和一体装设计4个部分。局部细节设计主要包括袖子、领子、口袋、鞋子和腰带等几大类；上装设计主要包括T恤、衬衫、夹克、开衫和大衣等一些常见款式；下装设计主要包括短裤、长裤、七分裤和短裙等一些常见款式；一体装设计主要包括连衣裙、抹胸裙等款式。在每个大分类前面都精心编排了一些带步骤的案例，为大家详细讲解不同款式的绘制步骤，这样可以更直观地看清服装款式图的绘制过程。相信大家在看过本书之后能对服装款式图有一个更深入的理解，能更好地了解服装款式图的一些基本轮廓造型和结构方式。另外，不同类型的服装款式在展示之前都有结构说明和标注。

最后，感谢长久以来支持我的各位读者，是您们的肯定才让我有了今天的成绩；感谢我的老师，是您们让我成长，让我在服装设计的海洋中尽情享受；感谢我的客户和伙伴们，是您们让我不断积累经验，不断创造美。谢谢大家！

董哲

目录

第1章

服装局部款式设计

　　服装的局部指的是在人体的某些结构性的位置，或在服装设计中所处的关键性部位，它可以作为局部设计的一个重要的着眼位置。但不是衣服所有的地方都可以叫做局部来进行设计，它必须是合理有效的，可以带来服装某种特征的。

　　服装局部造型设计又称服装部件造型设计，是指衣领、衣袖和衣袋，甚至包括服饰配件，如纽扣、拉链、图案、腰带和鞋子等服装各组成部分形象的设计。

衣袋款式设计

　　衣袋是服装配件之一，又称口袋或"兜"。它在服装上既有实用价值，又有装饰作用。衣袋又分为贴袋、挖袋、插袋和假袋4大类。在进行衣袋设计时要注意4点：衣袋与人手相适应；衣袋与衣种相适应，衣袋与整装相协调，以及衣袋与装饰相协调。衣袋的造型设计变化主要体现在袋身变化、袋口变化、袋盖变化、袋位变化、分割变化、复合变化和装饰变化这7个方面。

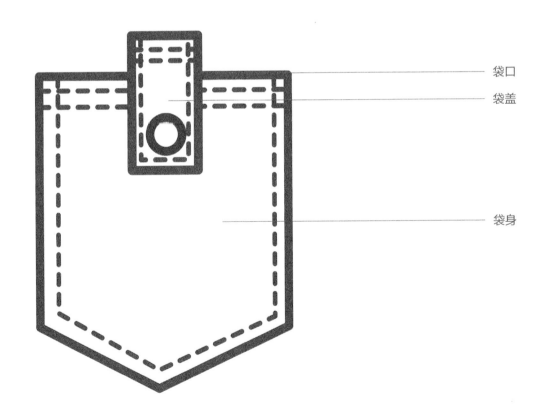

袋口

袋盖

袋身

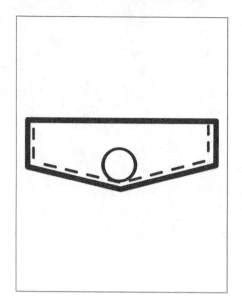

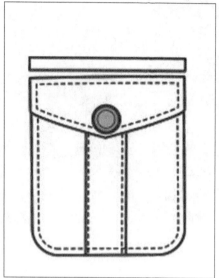

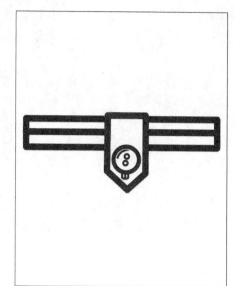

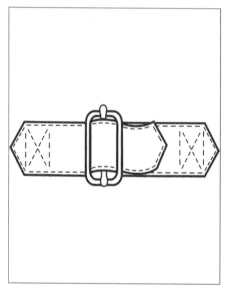

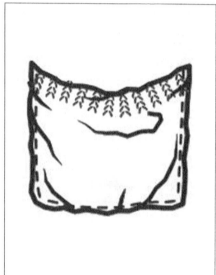

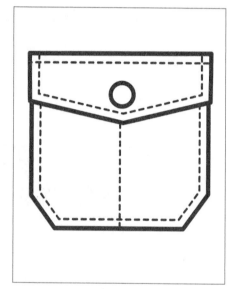

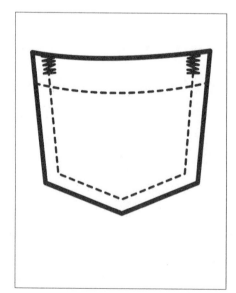

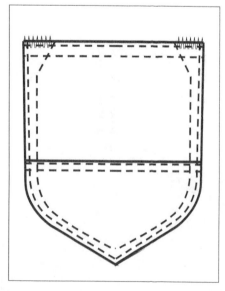

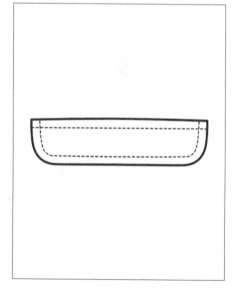

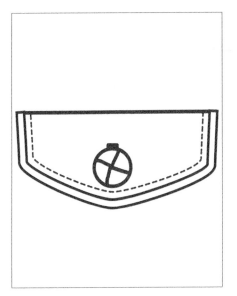
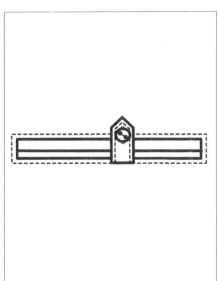
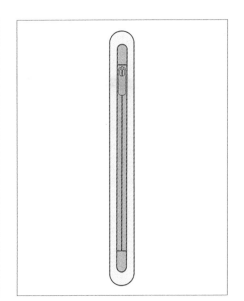
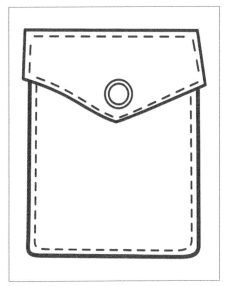
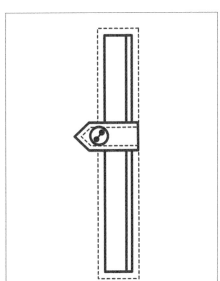
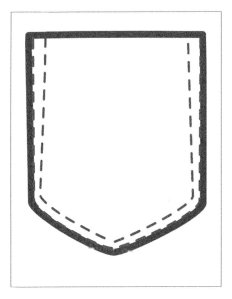
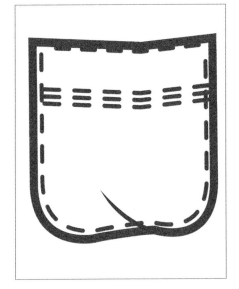
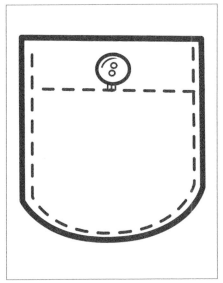
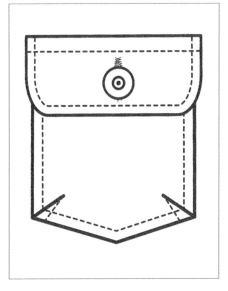

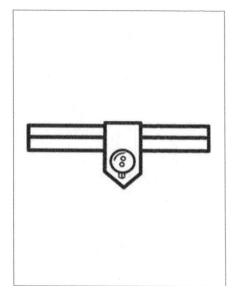
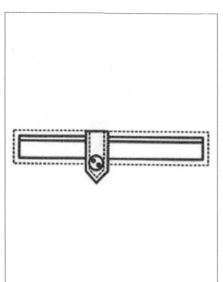
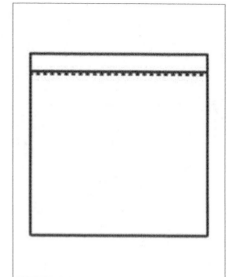
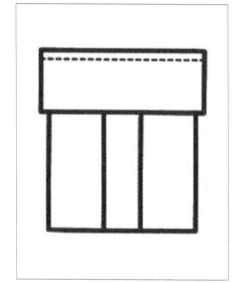
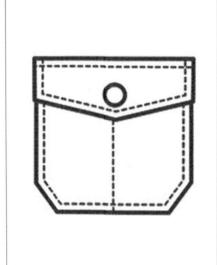

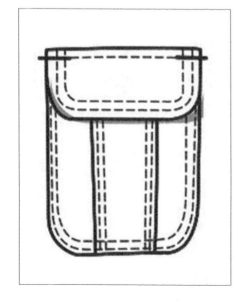
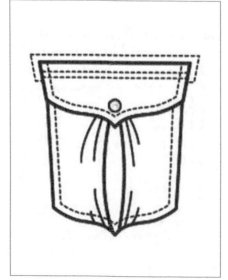
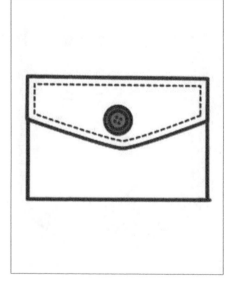

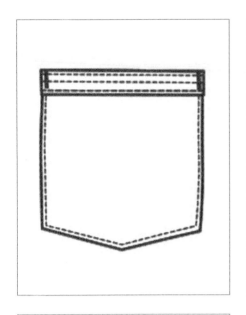

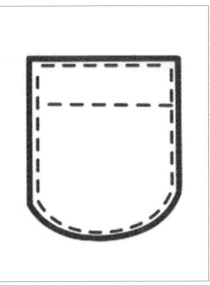

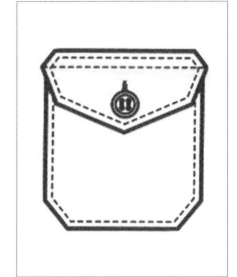

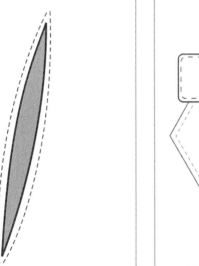

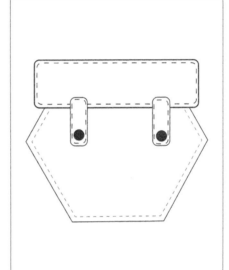

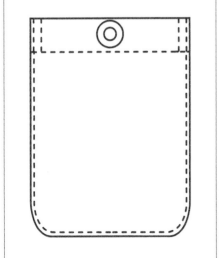

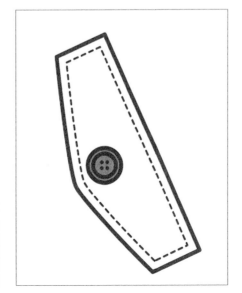

衣领款式设计

　　衣领是服装当中的主视觉焦点之一，可以衬托人的脸型，同时又是整个服装风格的重要载体，是服装当中不可或缺的一个细节设计。领子分为很多种，常见的有小圆领、立领、无领和鸡心领等。

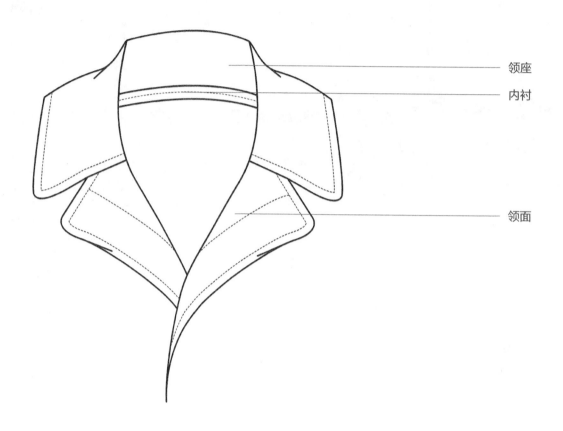

领座

内衬

领面

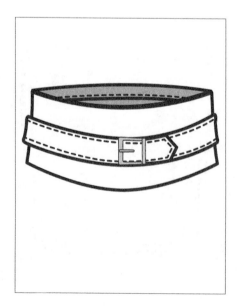

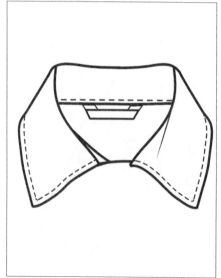

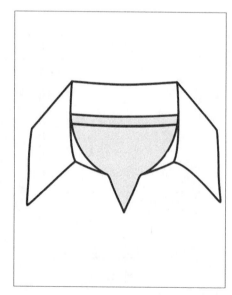

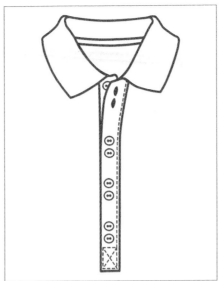

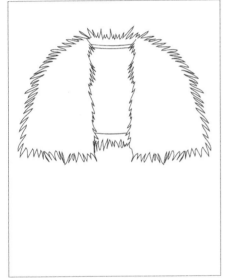

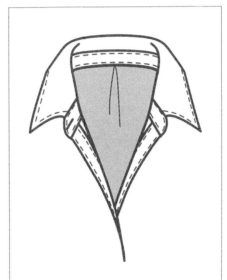

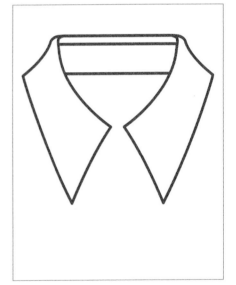

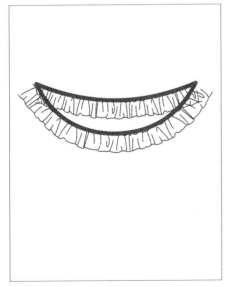

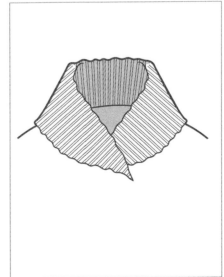

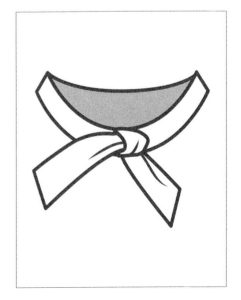

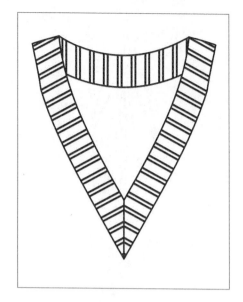

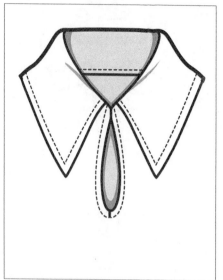

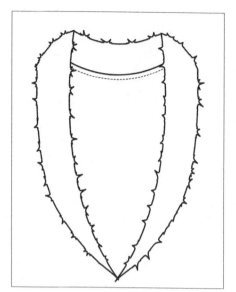

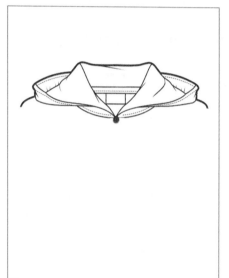

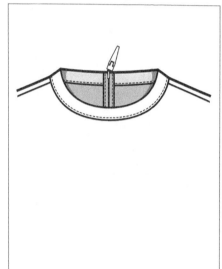

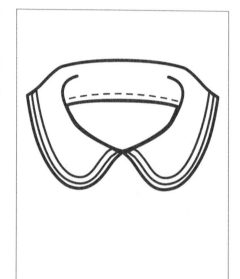

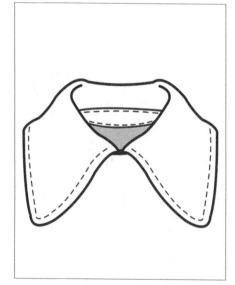

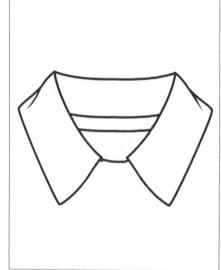

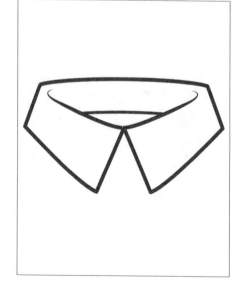

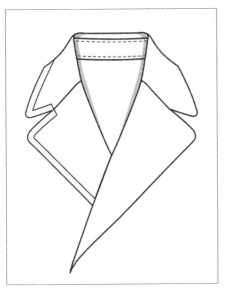
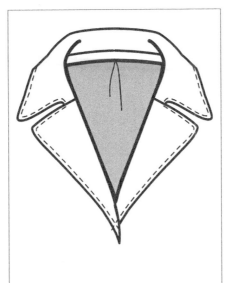
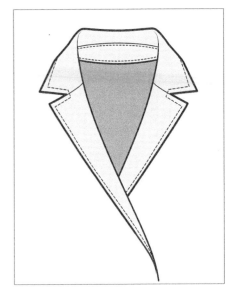
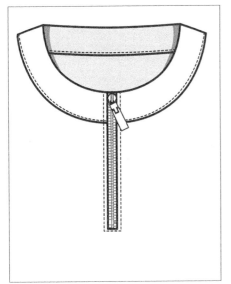
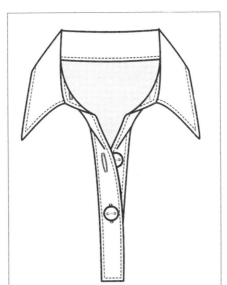
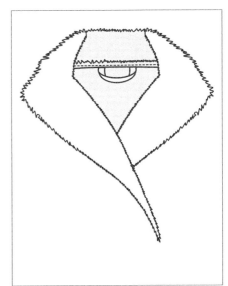

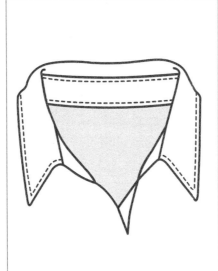

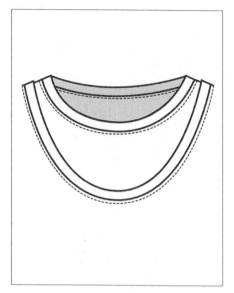
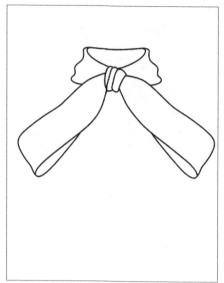
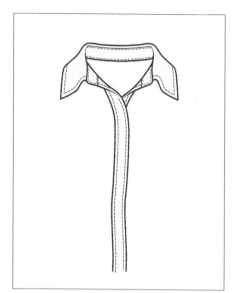
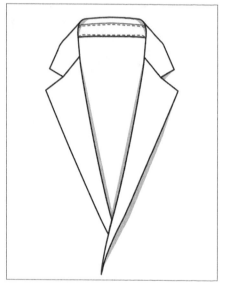
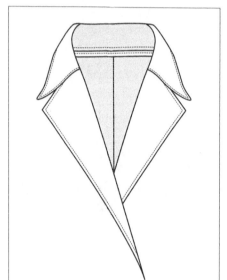
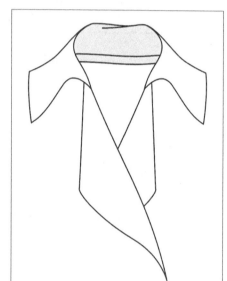

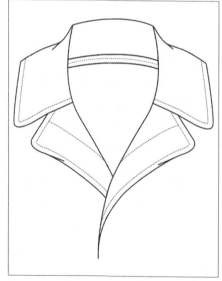
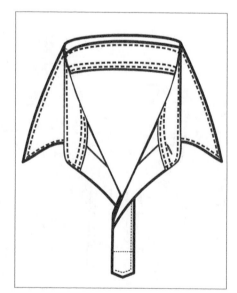

衣袖款式设计

袖子是服装的重要组成部分之一，一般袖子分为有袖和无袖两大类，有袖又分为短袖、中袖和长袖。中袖又分为中长袖；长袖又分为宽松类型的、合体型的和连身型的。从款式来区分，一般可分为灯笼袖、泡泡袖、蝙蝠袖和马蹄袖等。

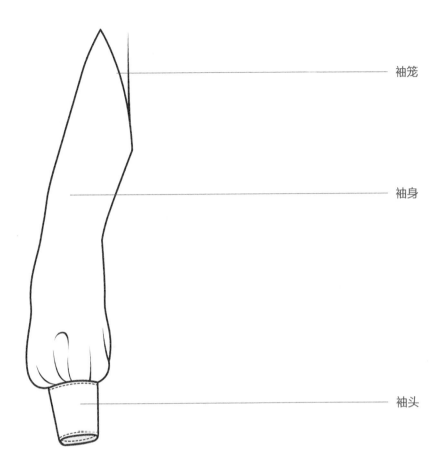

袖笼

袖身

袖头

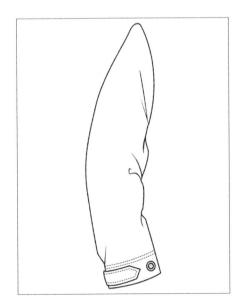
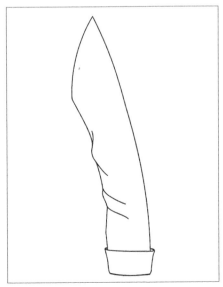
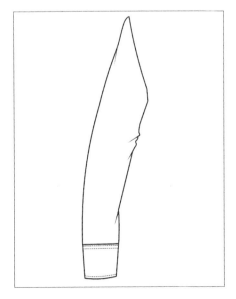

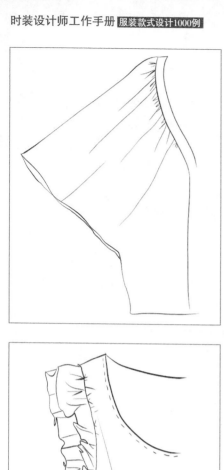
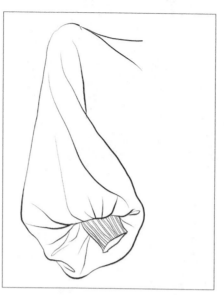
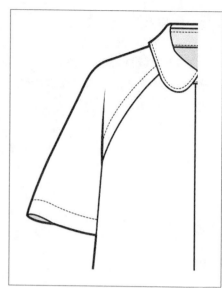
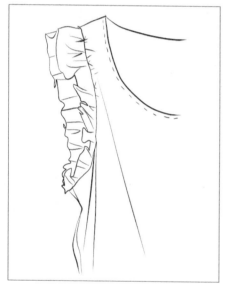

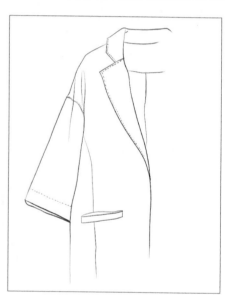
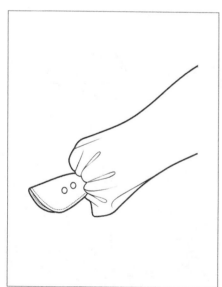
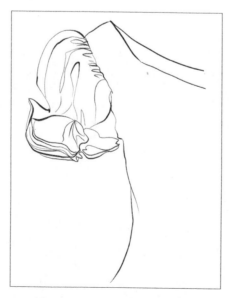
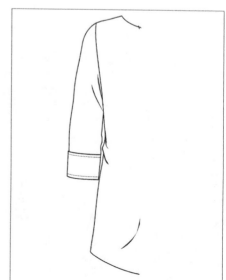

纽扣款式设计

　　在服装设计当中，扣子算是一个容易被设计师所忽略，却又十分紧要的细节。从以往的只重功能性直至现在扣子在服装当中越来越强的装饰性，扣子的种类越来越多，其结构主要由扣身和穿线孔两个部分组成。

扣身

穿线孔

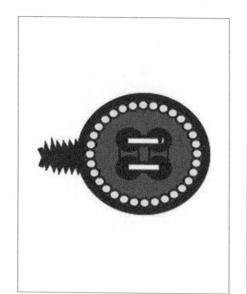
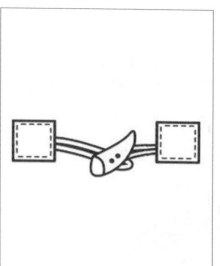
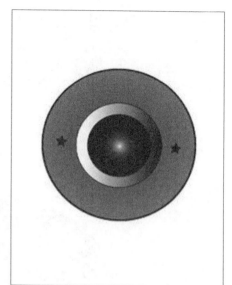
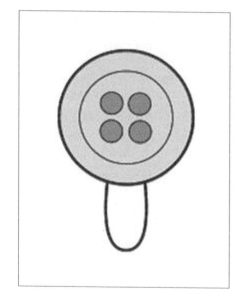

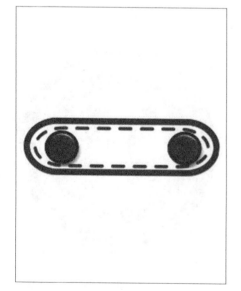
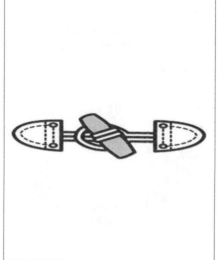
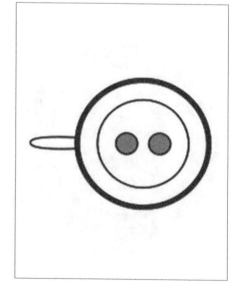

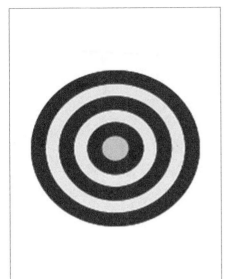
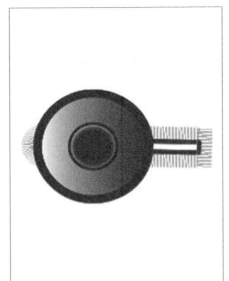

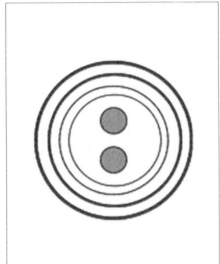
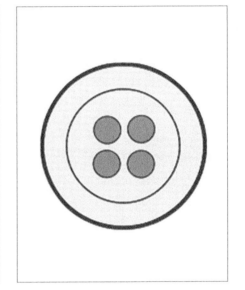

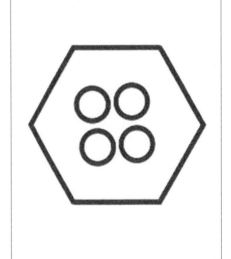

拉链款式设计

　　拉链、扣子和口袋是服装当中见到的最多的细节设计，除去它们的功能性以外，现在大多此类设计都会倾向于装饰作用。拉链的结构是由两条金属齿或者塑料齿组成的扣件，用于连接开口的边缘，通过滑动拉链头使拉链两边结构紧紧地贴合以使开口封闭。

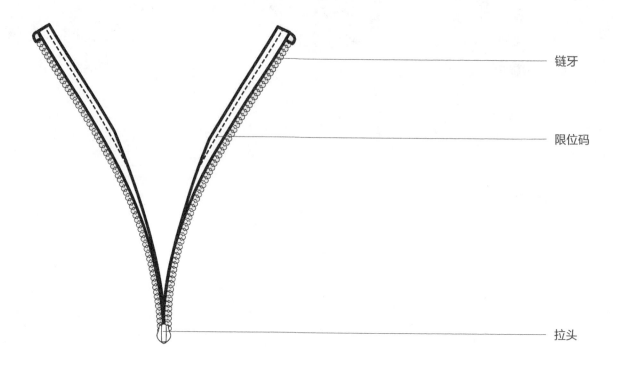

链牙

限位码

拉头

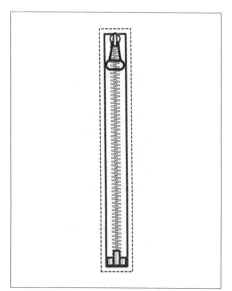 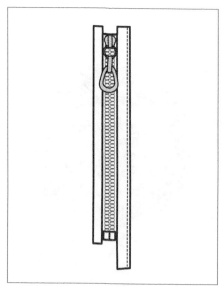 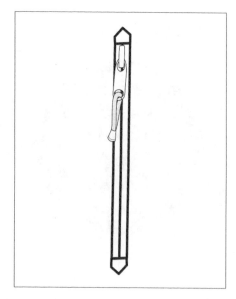

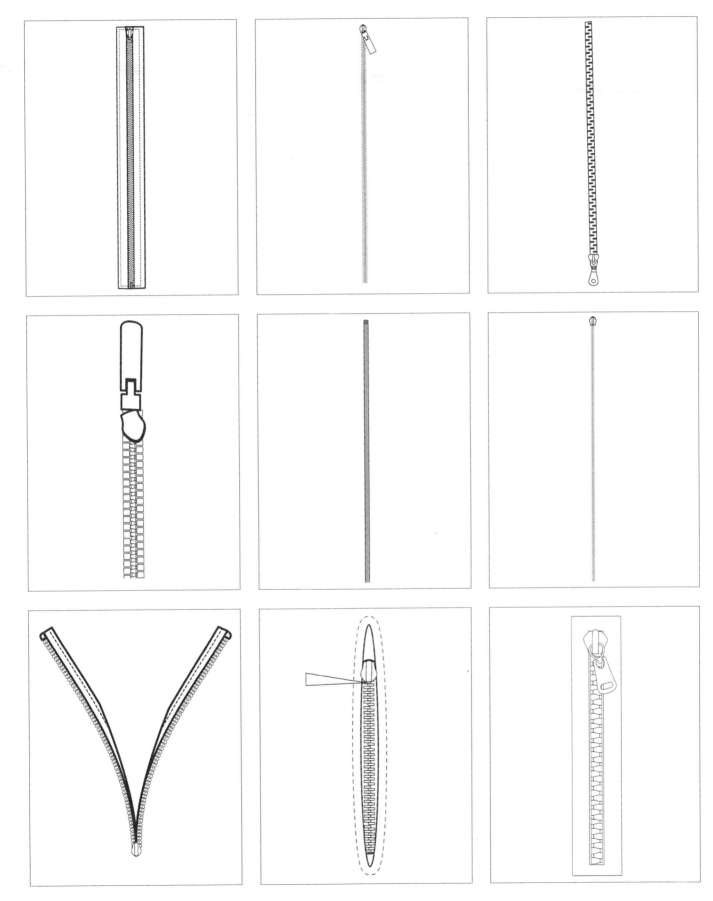

腰带款式设计

　　腰带是大家日常生活中最为常见的服装配饰，从材质来说主要有编织、皮质两大类。从款式上可以很容易分清男女腰带的不同，男性腰带款式一般较宽，女士略窄。腰带的组成部分为腰带耳、腰带头、腰带孔和腰带身。

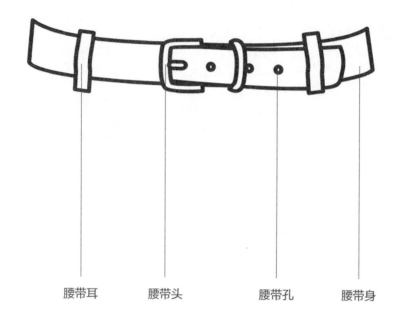

腰带耳　　　　　腰带头　　　　　腰带孔　　　　　腰带身

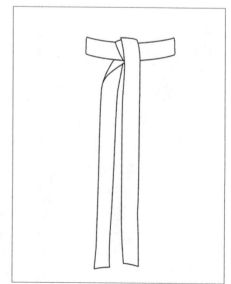

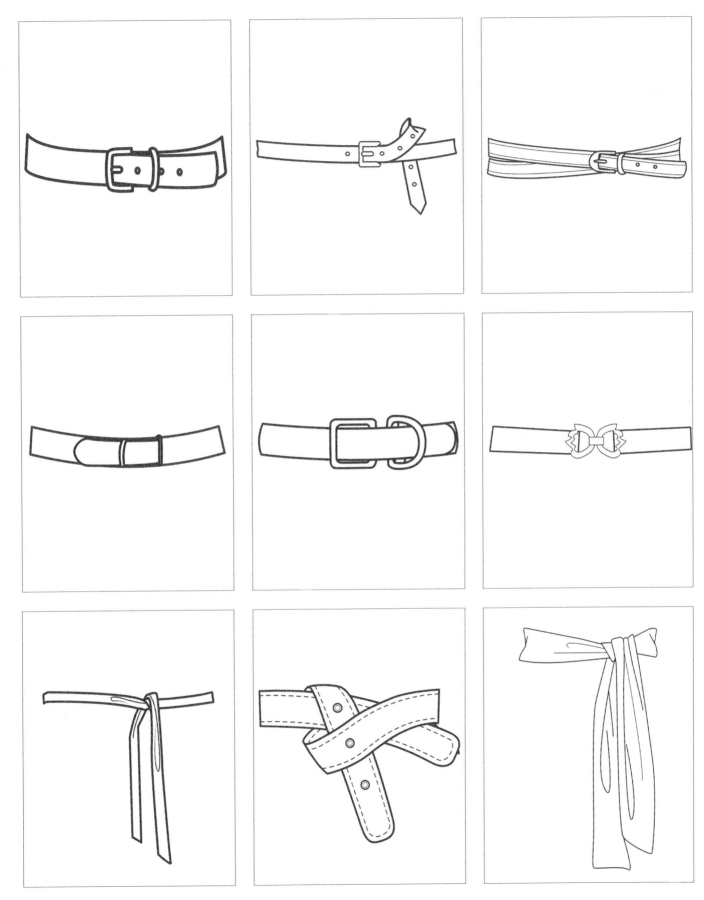

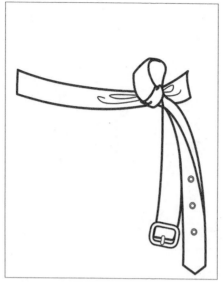

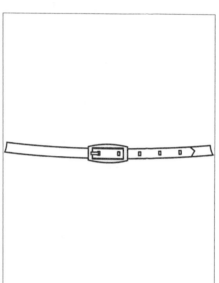

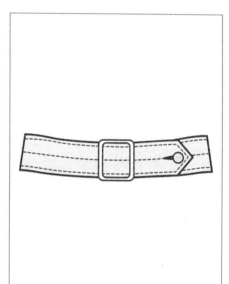

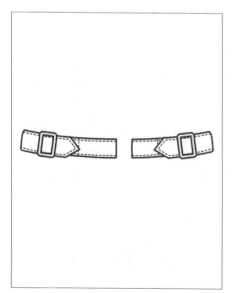

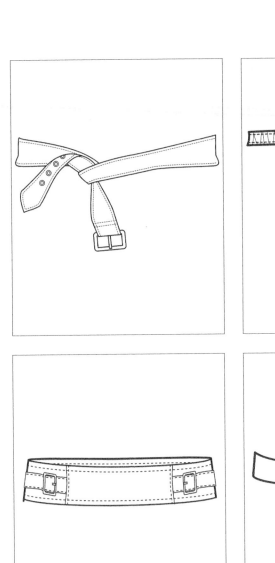

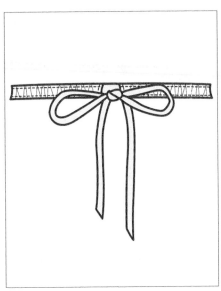

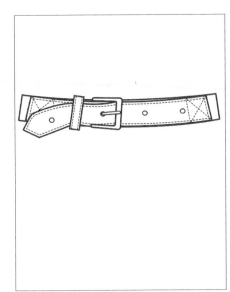

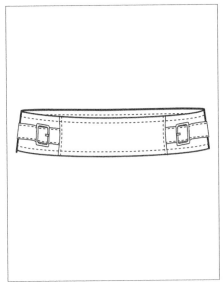

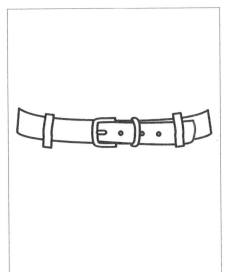

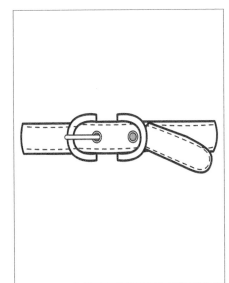

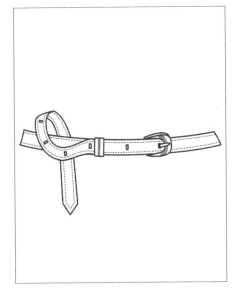

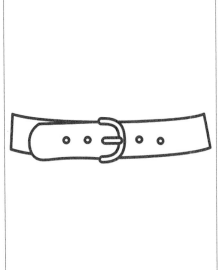

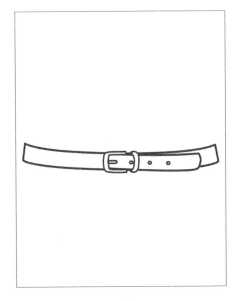

鞋子款式设计

　　鞋子，想必大家再熟悉不过了吧，功能性我们就不多说了，主要讲一下它的结构组成部分。鞋子一般由鞋胆、鞋带、鞋舌、滚口条、鞋垫、内里、底片、侧身、鞋鼻、鞋底和后套组成。鞋子的款式比较多样化，这里主要列举了一个大家都相对熟悉的款式来做介绍。

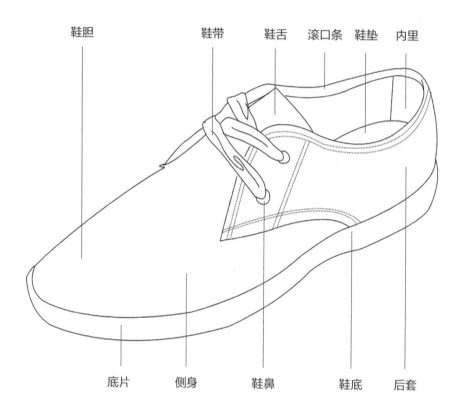

鞋胆　　鞋带　　鞋舌　　滚口条　　鞋垫　　内里

底片　　侧身　　鞋鼻　　鞋底　　后套

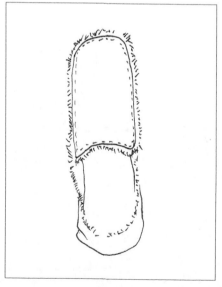
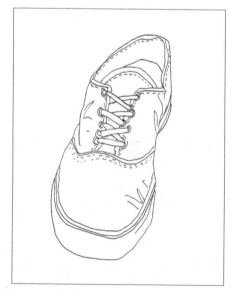

图案款式设计

　　图案设计是服装设计当中最为常见的设计手段，它可以让设计师有更多的灵感。图案设计不拘泥于任何款式当中，只要绘画出图案就可以加到服装设计当中，是一种非常灵活多变的设计方式。

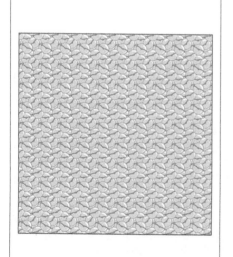

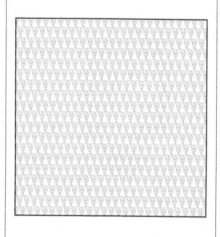

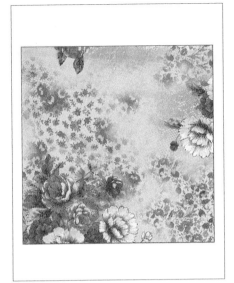

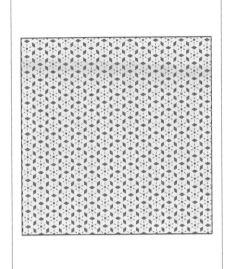

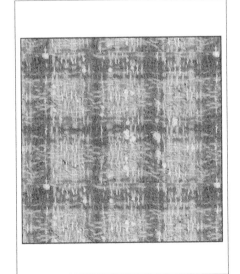
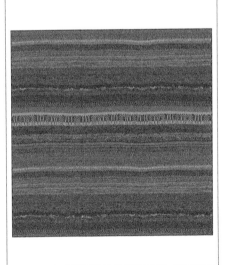

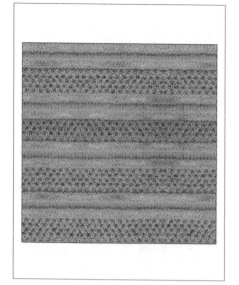

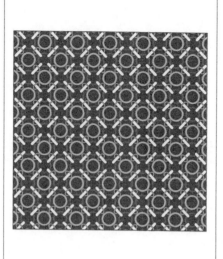

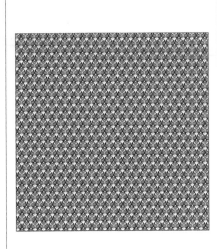

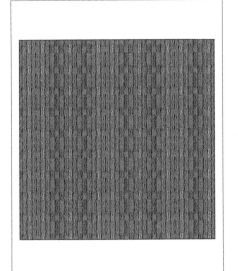
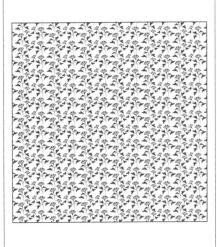
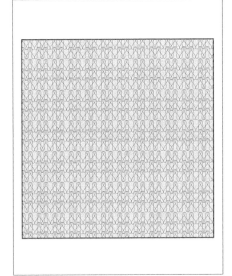

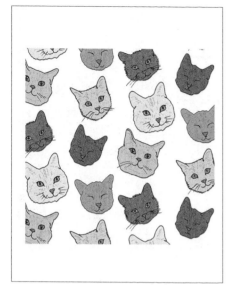

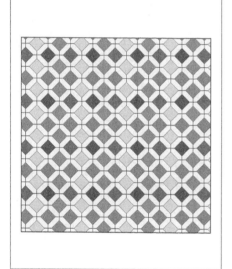
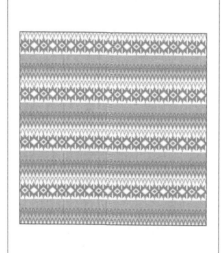
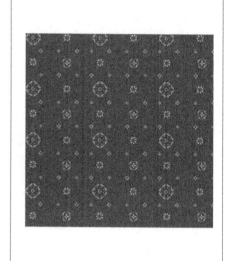
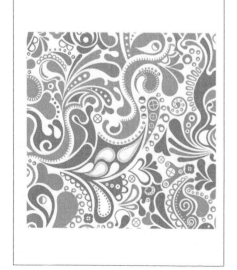
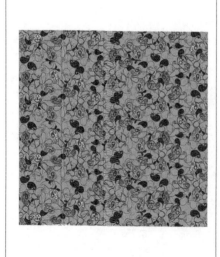

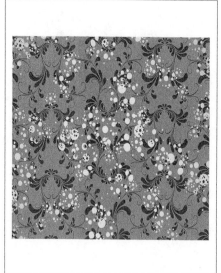

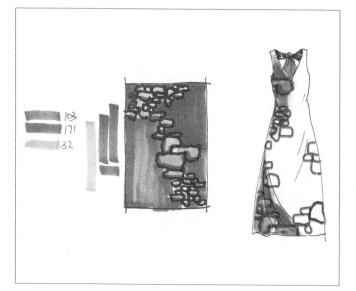

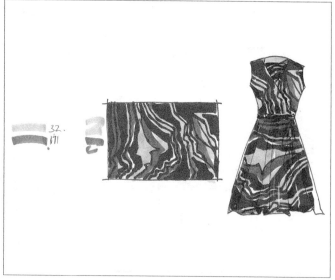

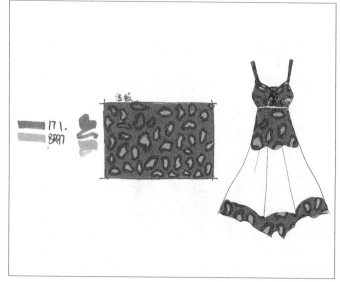

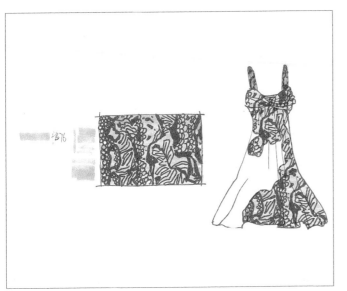

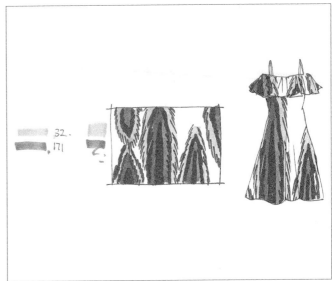

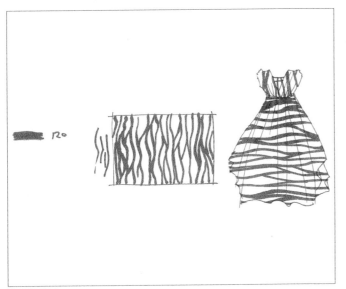

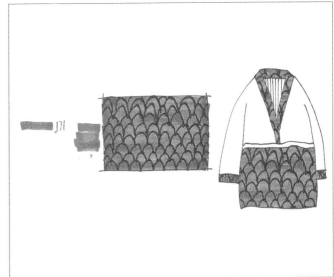

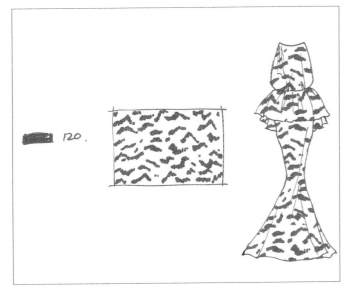

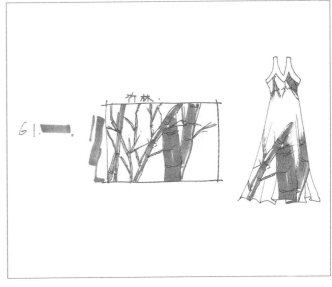

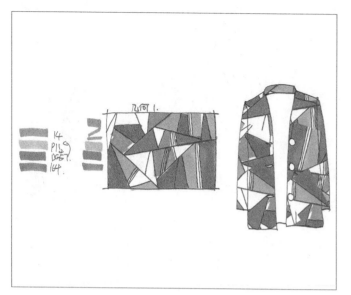

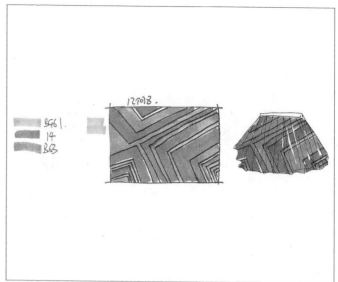

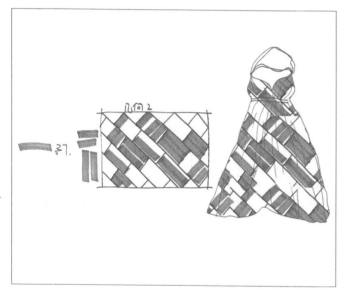

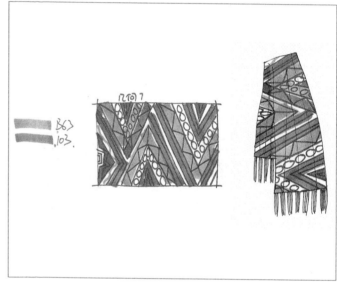

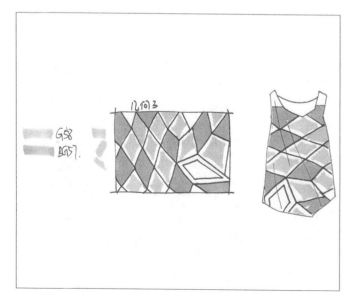

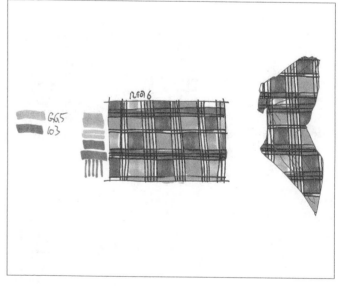

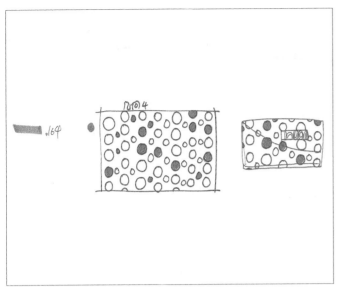

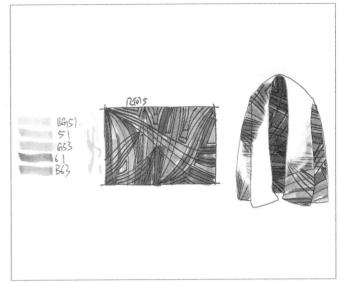

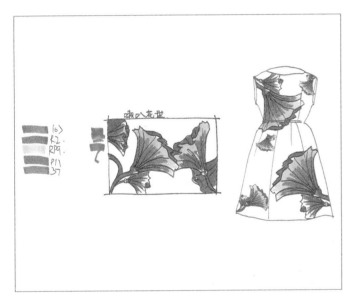

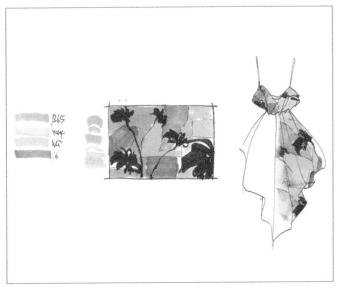

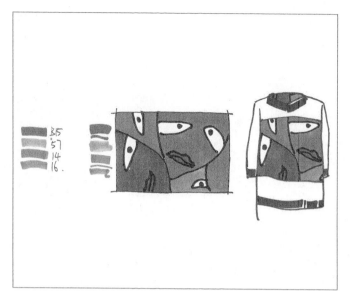

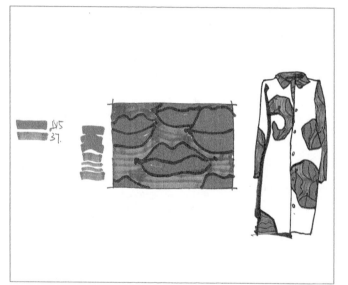

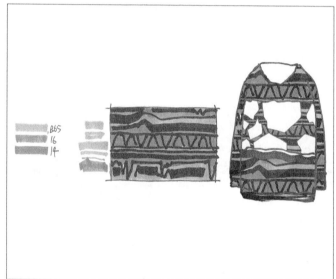

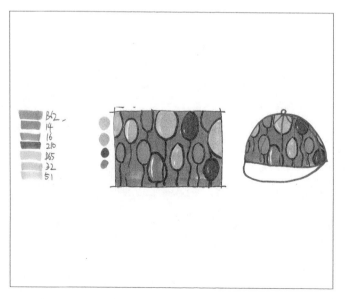

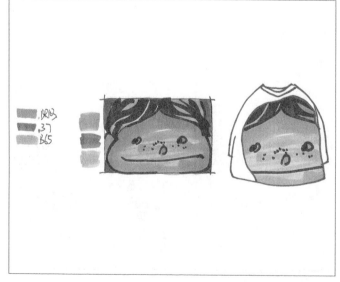

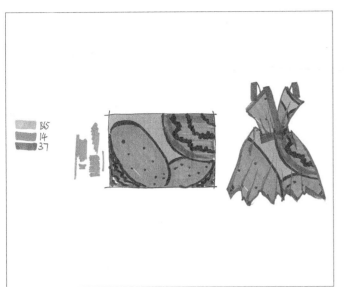

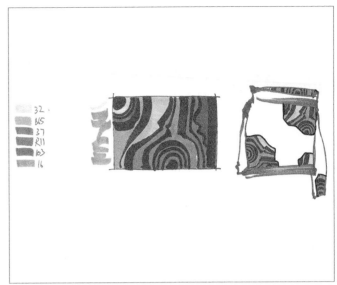

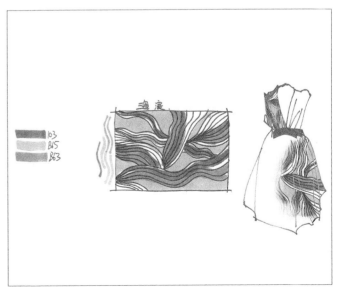

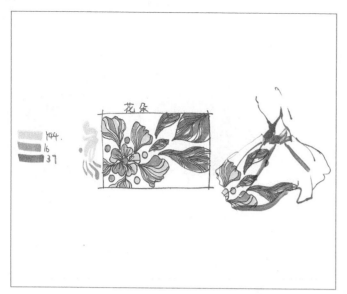

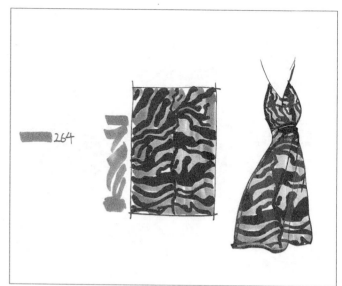

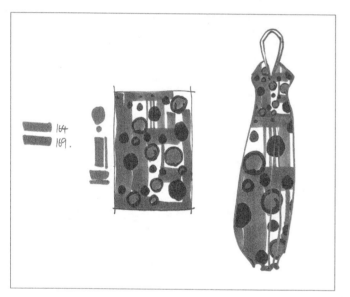

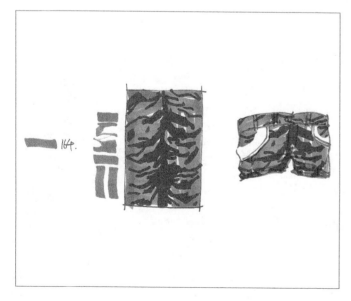

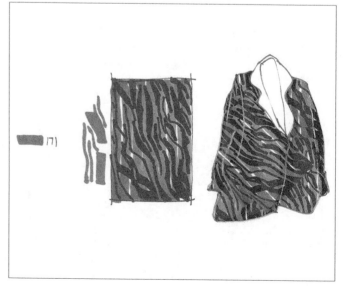

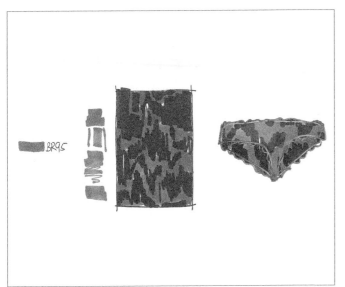

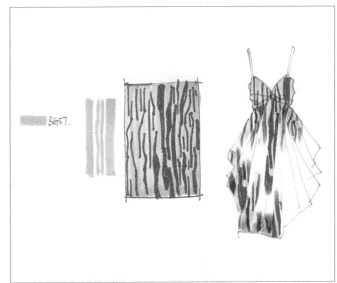

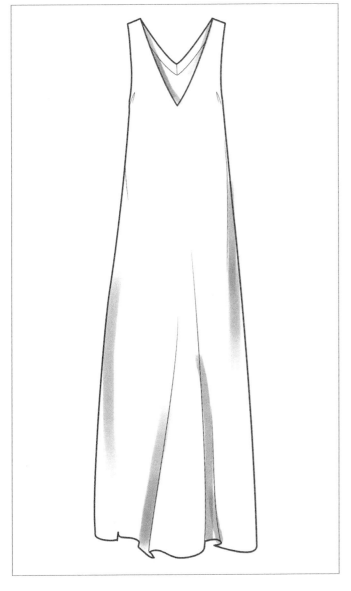

第2章

上装款式设计

所谓上装设计，从字面意思就可以大概理解一些，主要是对常见的上身服装款式进行设计，例如针织衫、T恤、衬衣、夹克、开衫和卫衣等，都是日常生活当中穿的一些衣服。在以下分类中会逐个介绍每种类型服装款式的特点、款式细节和绘画方法，并且还做了一些前期需要用到的原型图、人台图供大家使用。

上装款式设计实例解析

衬衣款式设计实例解析

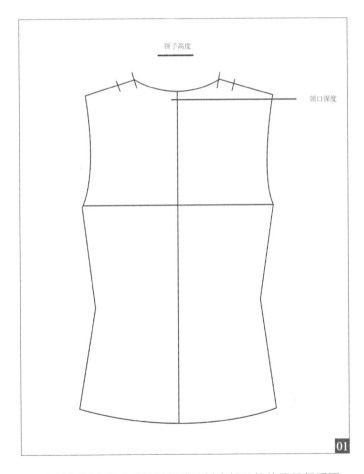

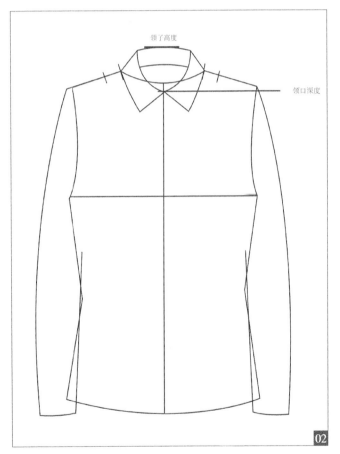

01 在绘制衬衣款式图的时候确认衬衣领子的位置是很重要的，因为衬衣整体是一个比较规整的轮廓，领子部位是衬衣最关键的地方。

02 绘制出领子和衬衣的外轮廓。

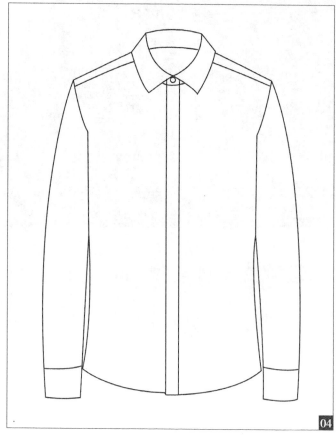

03 去掉辅助线。

04 完善衬衣结构。

05 绘制出衬衣的缝合线和装饰线。

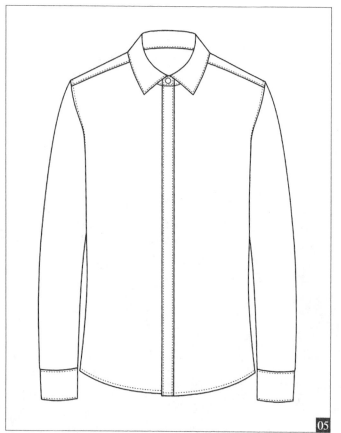

大衣款式设计实例解析

01 在绘制大衣的时候应该先弄明白大衣的长度，可以在人台上
获取完整的原型。

02 通过人台获得大衣的原型。

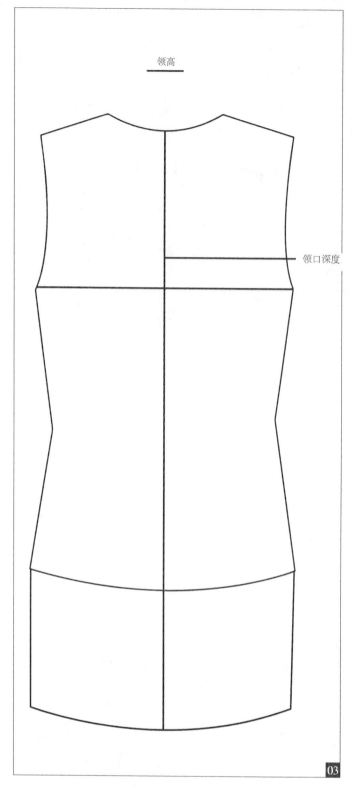

领高

领口深度

领高

领口深度

03 确认领高和领口深度。

04 绘制出大衣的领子、大身轮廓和袖子的轮廓。

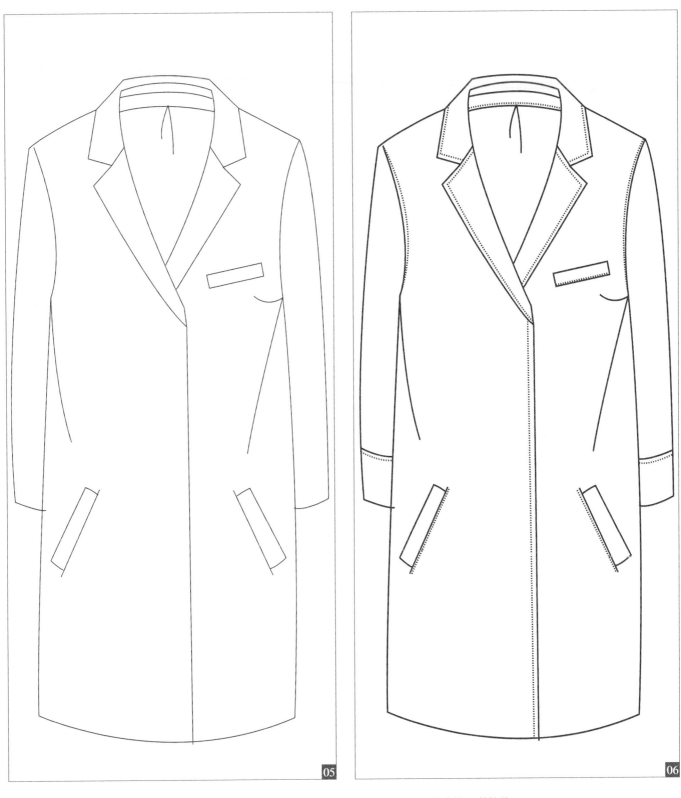

05 去除辅助线，为服装增加细节。

06 为服装增加缝合线和装饰线。

短袖T恤款式设计实例解析

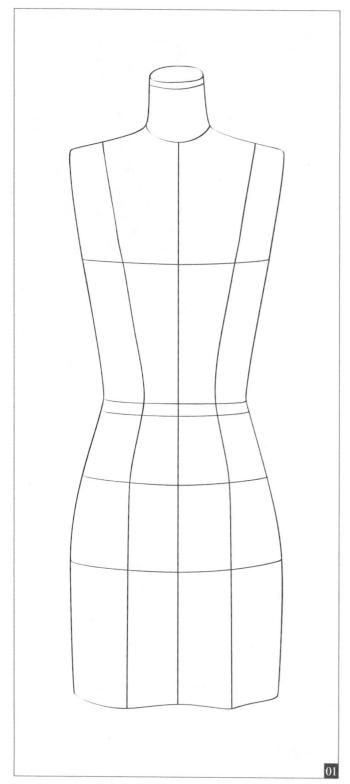

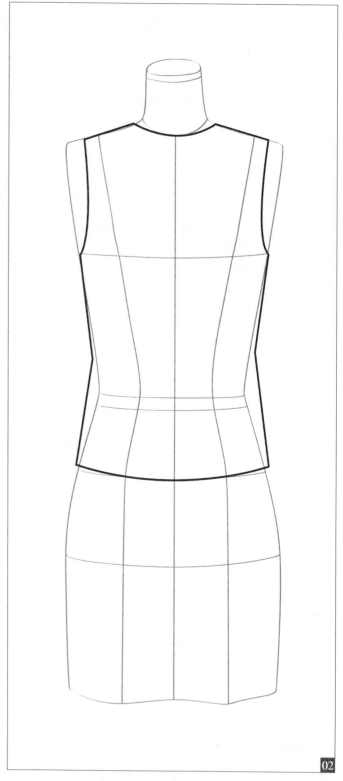

01 在绘制款式图的时候应当对人体结构有相应的理解，一般我们会在标准的人台上进行原型提取。

02 通过人台得到上装原型轮廓。

03 此图为上装原型剪影。

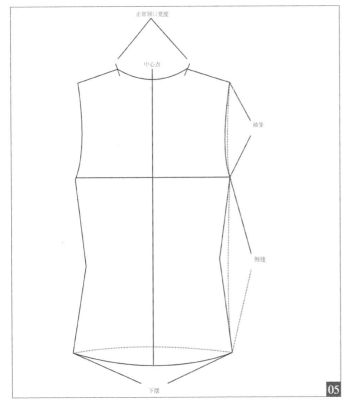

05 对原型领口、袖笼、侧缝和下摆位置进行定位。

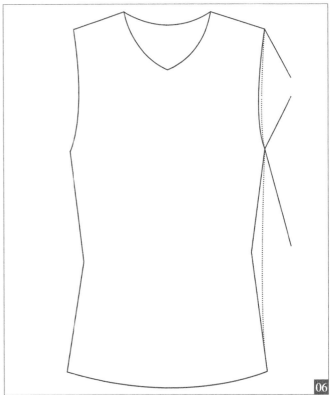

04 绘制出清晰的原型轮廓。

06 确认T恤大体外轮廓。

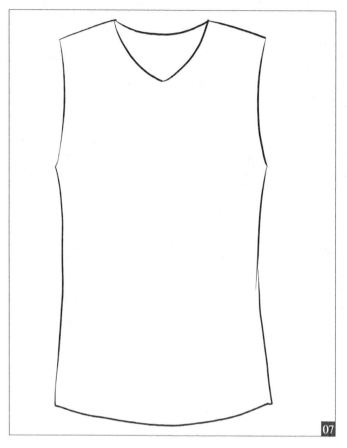

07

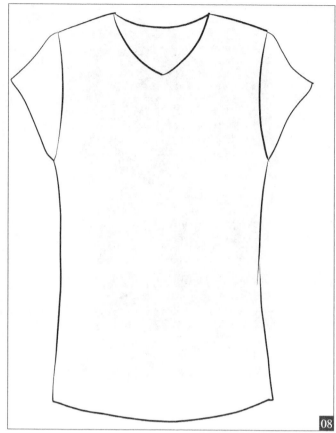

08

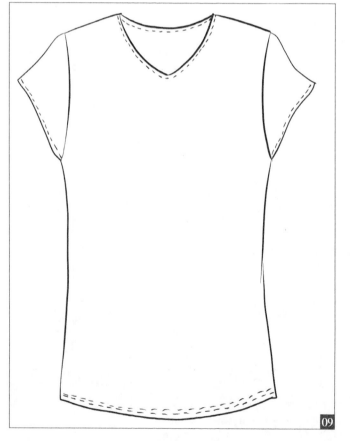

09

07 去掉辅助线确认轮廓。

08 通过袖笼位置绘制出T恤的短袖。

09 为服装绘制出省道和装饰线。

休闲长袖T恤款式设计实例解析

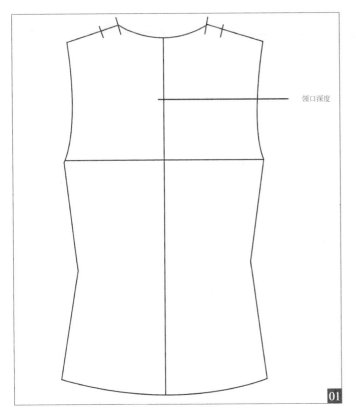

领口深度

01

02

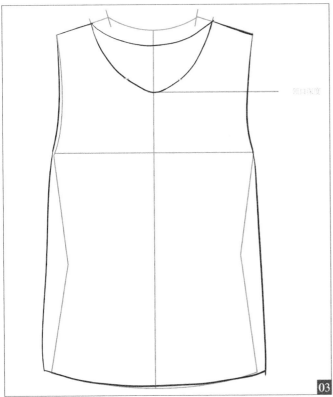

领口深度

03

01 在绘制休闲T恤的时候应当注意领口位置，大多数休闲类服装的领口都会比常规服装要大。我们需要主观地进行款式设计。

02 绘制出衣领的轮廓。

03 在原型结构上进行再次设计，因为是休闲类型，所以把整个服装轮廓绘制得稍微宽松一些。

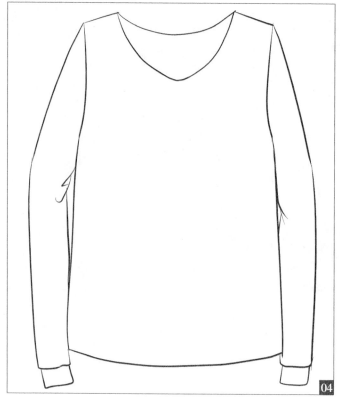

04 通过袖笼位置绘制出袖子，这里应该注意肘部位置。

05 为服装款式增加细节。

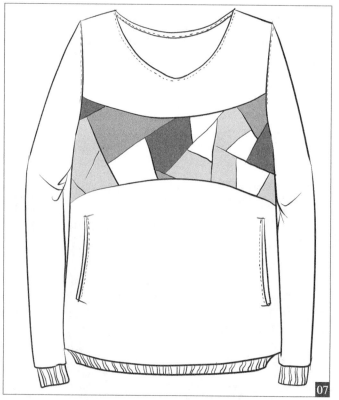

06 为服装进行图案设计，可以让款式图看起来更加丰富。

07 完稿。

夹克款式设计实例解析

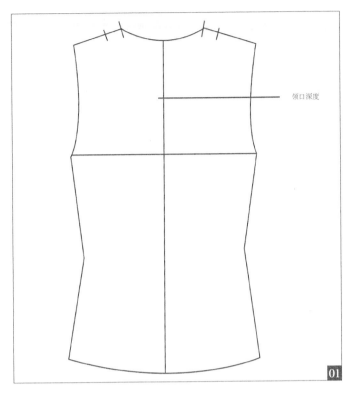

01 通过服装原型确认领口位置、领口深度和领口高度。

绘制出夹克领子和外轮廓。

03 去掉辅助线，为服装绘制出褶皱效果，表现服装结构。

04 为服装绘制出省道和装饰线，完成。

针织开衫款式设计实例解析

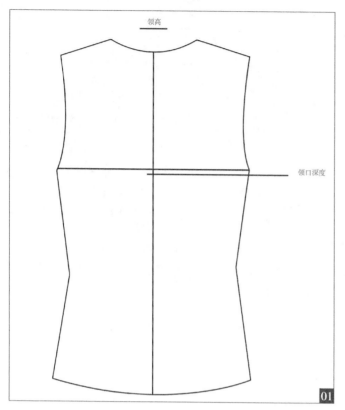

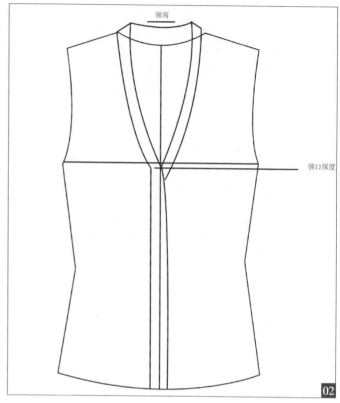

01 在绘制针织开衫的时候应该注意衣领深度的位置。

02 确认衣领和外轮廓。

03 绘制出针织衫的袖子和外轮廓。

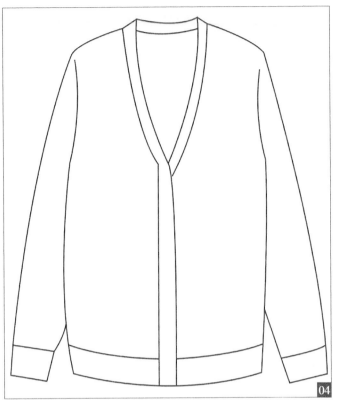

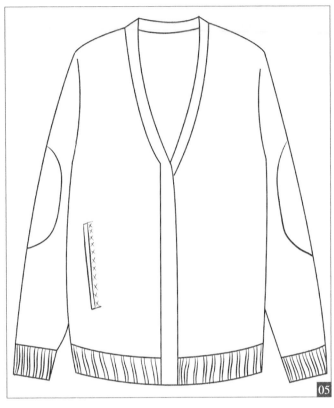

04 去掉辅助线。

05 为服装绘制肌理和细节。

06 添加细节，完稿。

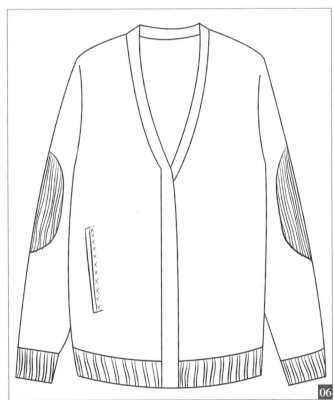

披肩款式设计实例解析

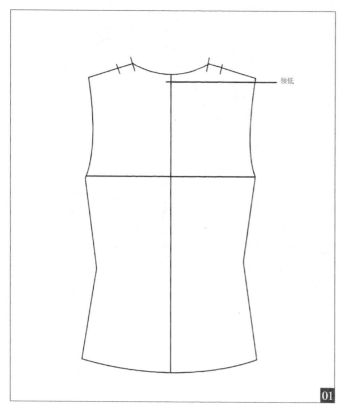

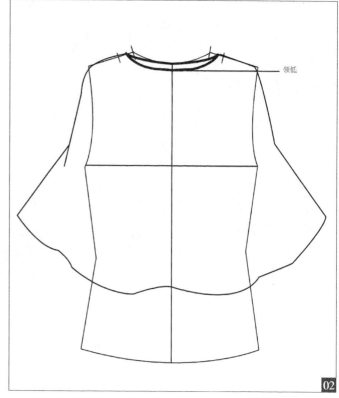

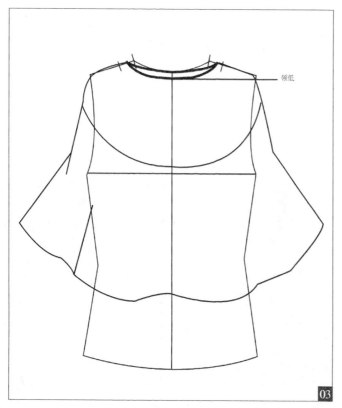

01 绘制披肩时只提取上身人台原型，确认好领低位置即可。

02 画出披肩的大轮廓。

03 进一步完善细节和轮廓结构。

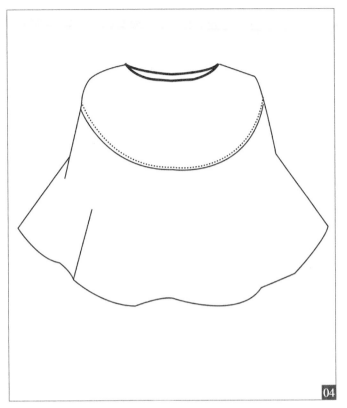

04 去掉辅助线，检查画面完整性。

05 丰富细节，完稿。

开衫款式设计

开衫又名开襟衫，前片部分全部分开，扣子在胸前的叫对开襟，也分为有扣和无扣。开衫的特点是时尚百搭，春夏季节常款。

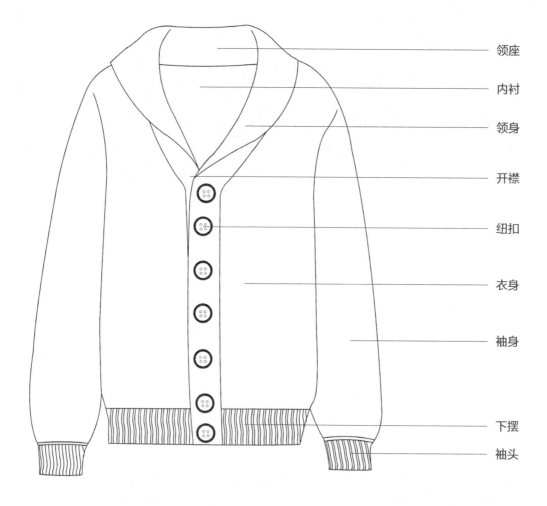

领座

内衬

领身

开襟

纽扣

衣身

袖身

下摆

袖头

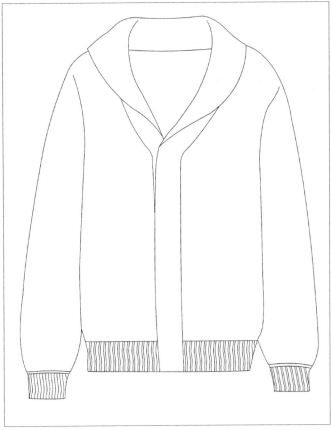

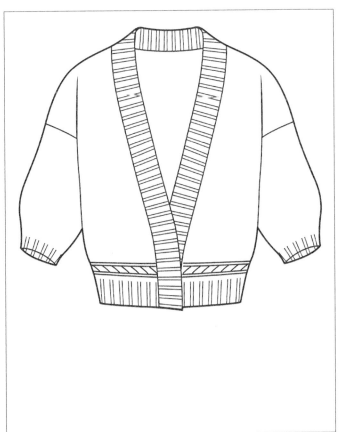

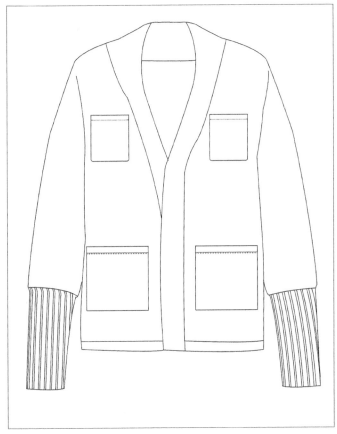

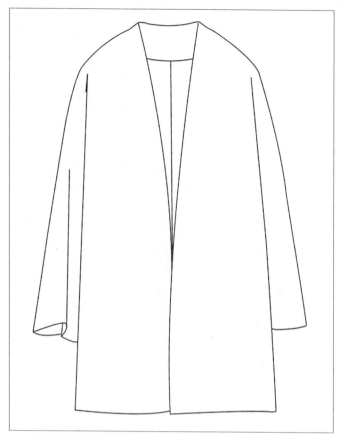

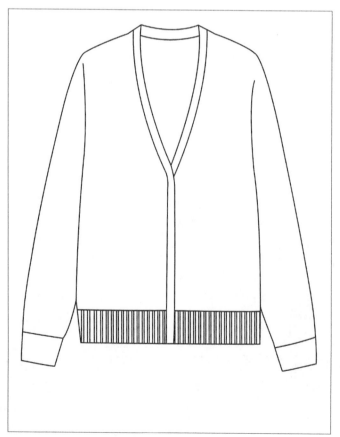

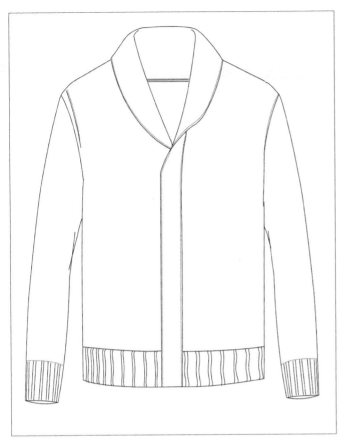

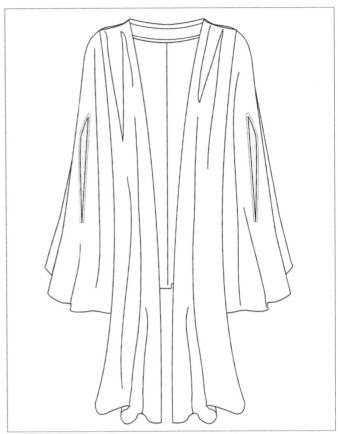

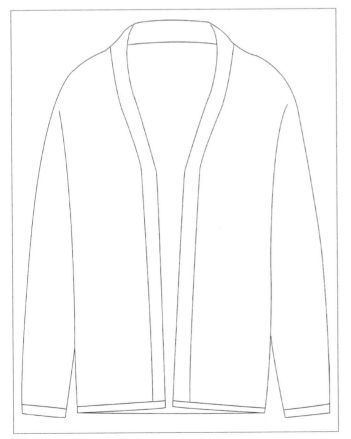

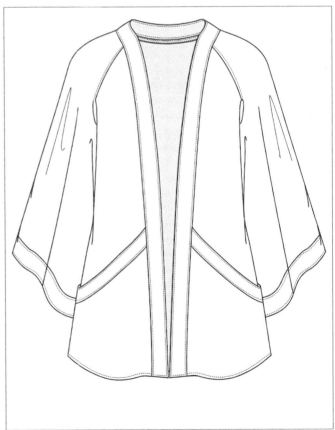

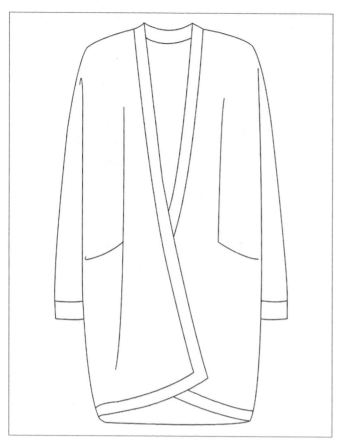

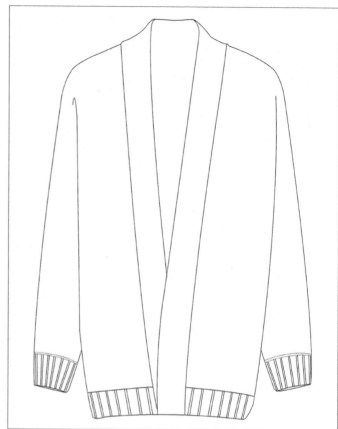

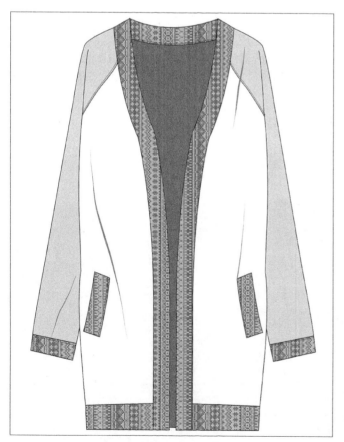

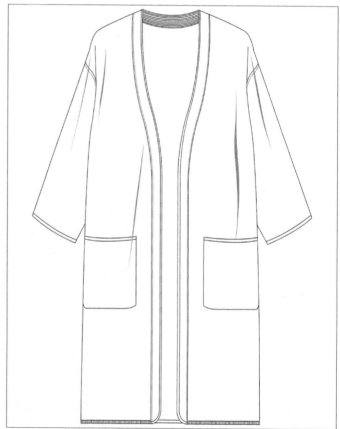

T恤款式设计

T恤是春夏季节最常见的服装类型。T恤的款式变化比较小，通常设计的时候多会变化面料、印花等。常见的T恤类型有长袖T恤、短袖T恤、无袖T恤和7分袖T恤等。

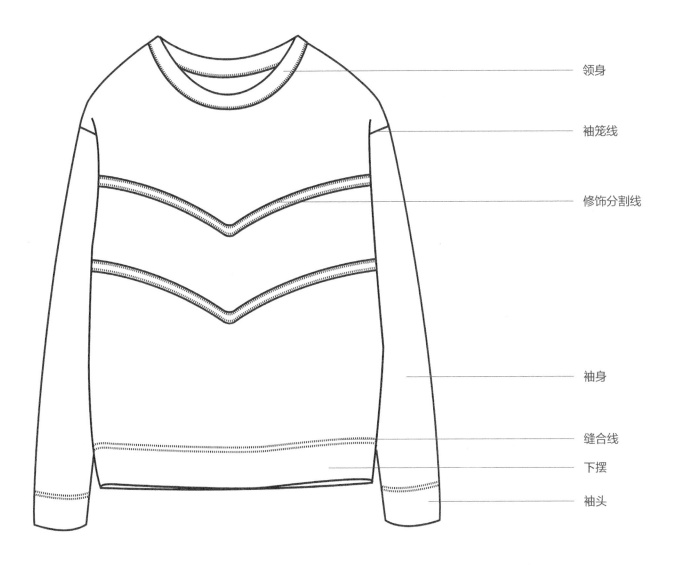

领身

袖笼线

修饰分割线

袖身

缝合线

下摆

袖头

短袖T恤

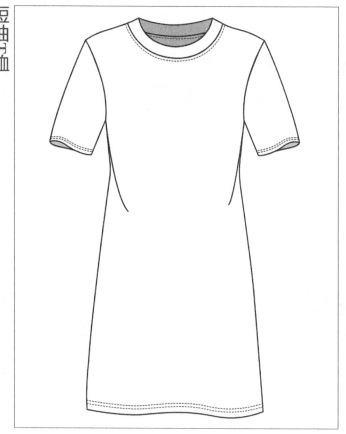

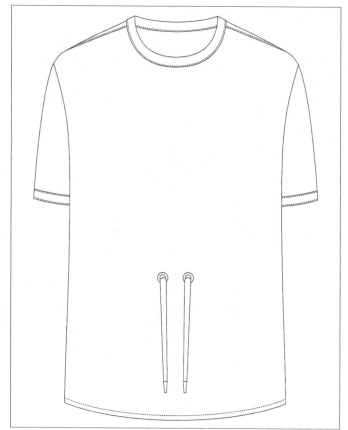

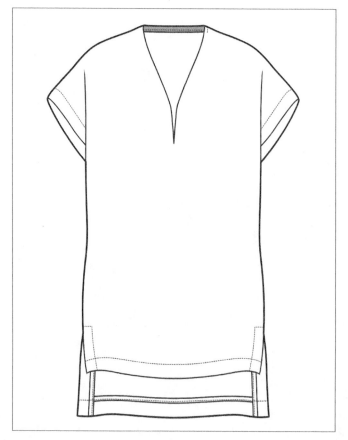

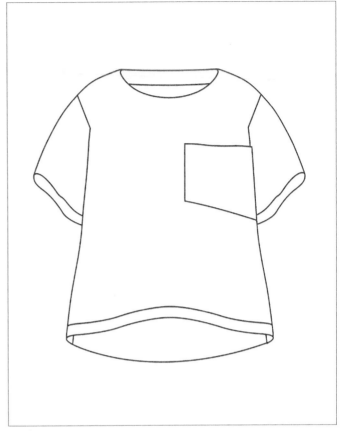
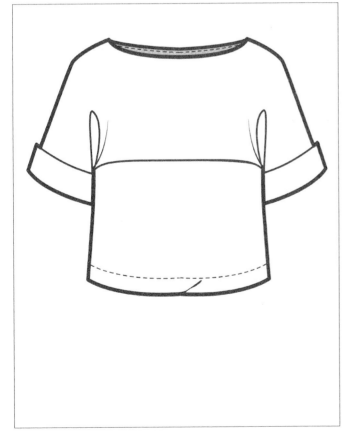

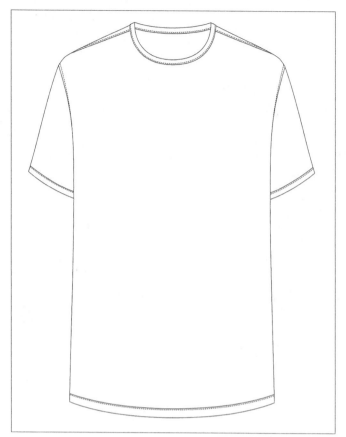

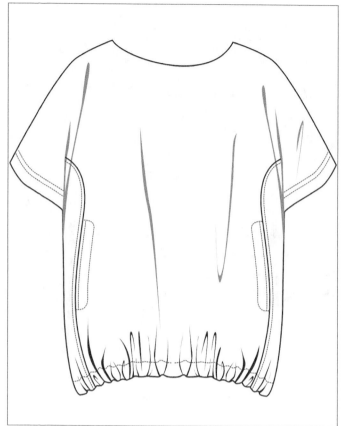

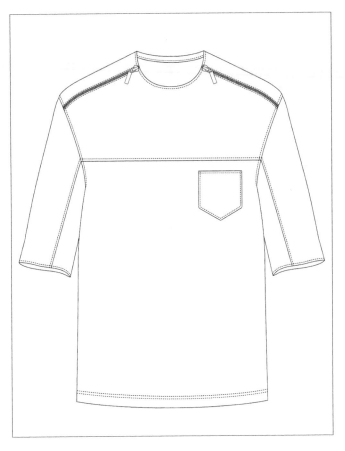

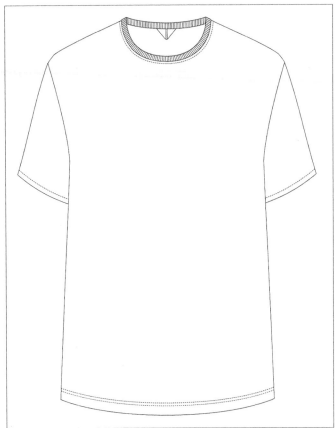

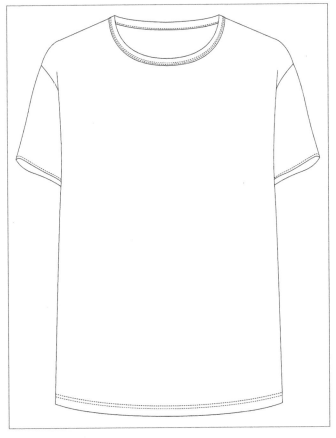

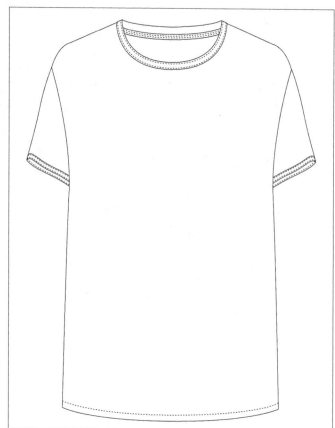

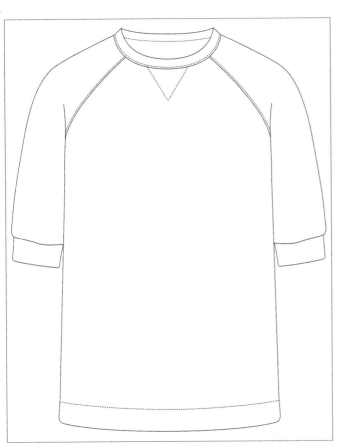

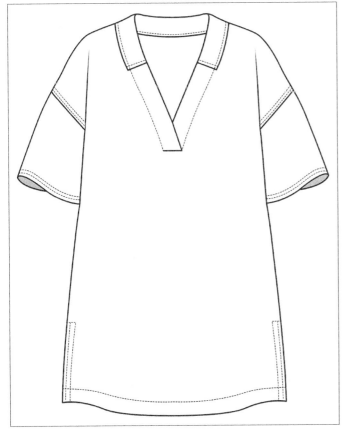

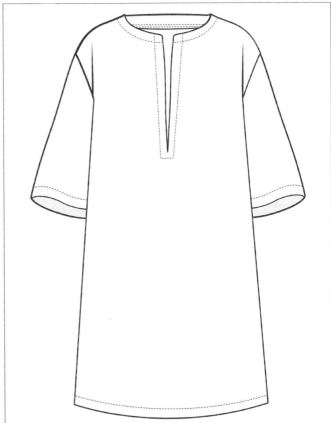

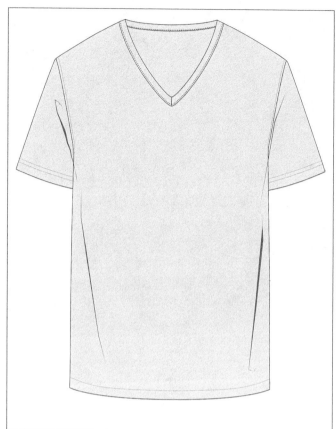

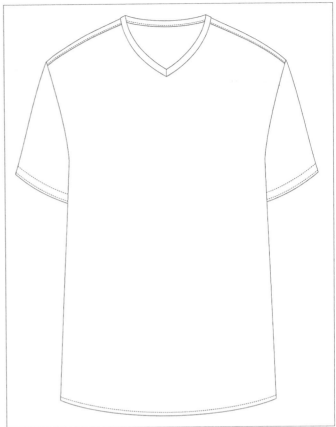

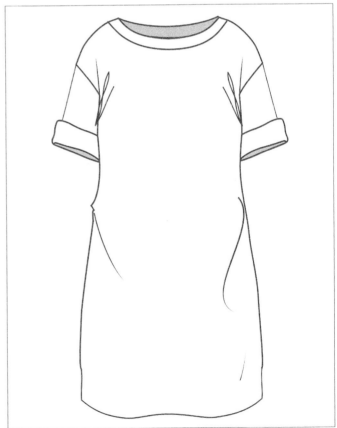

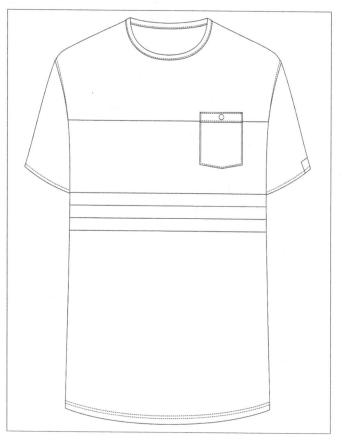

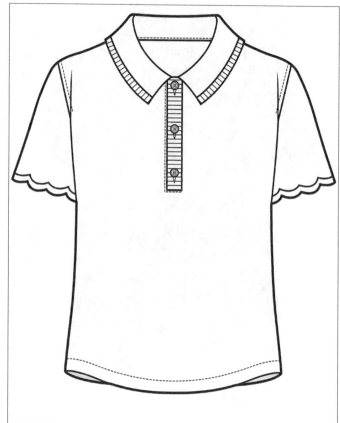

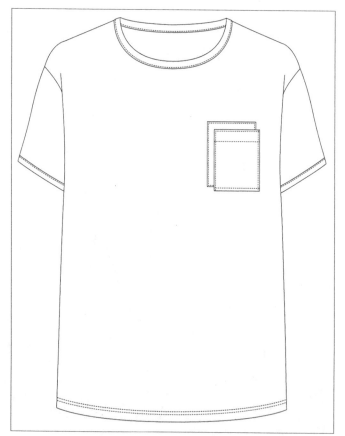

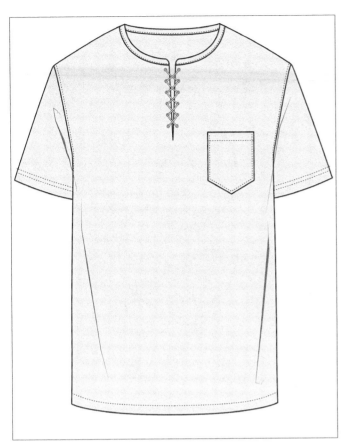

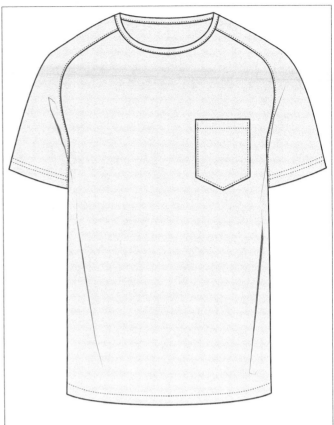

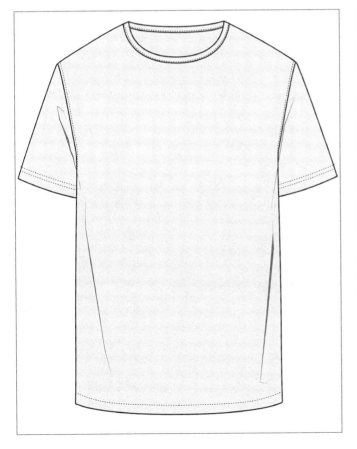

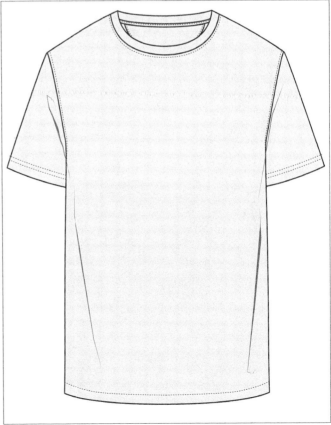

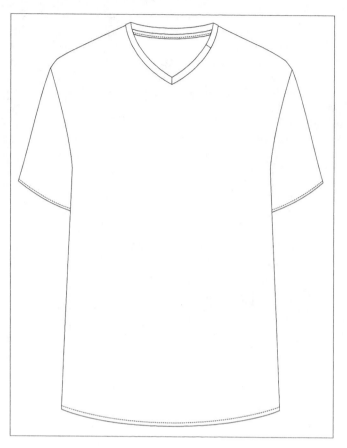

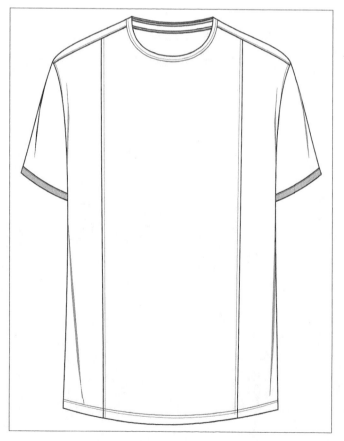

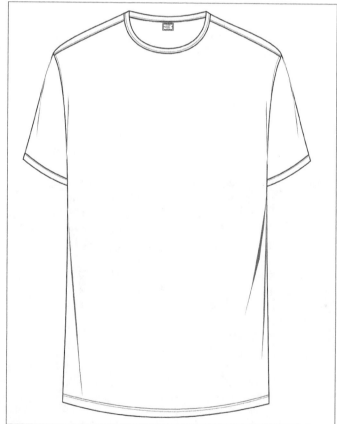

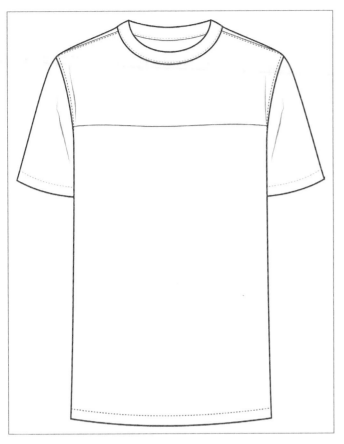

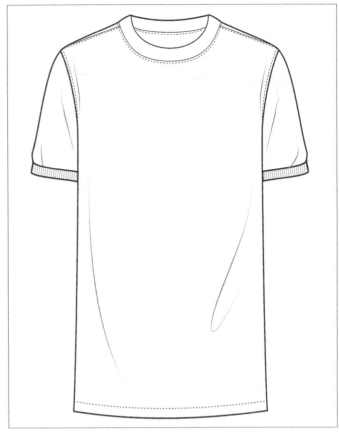

长袖工恤

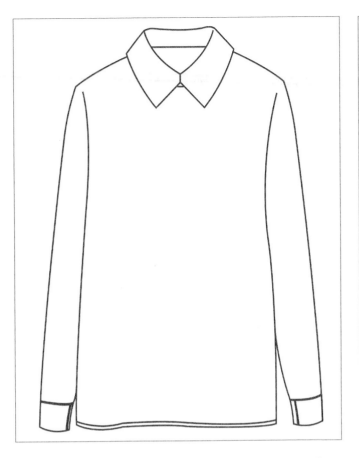

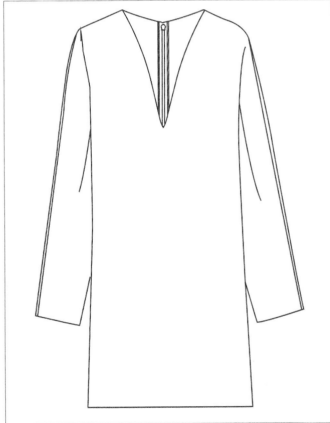

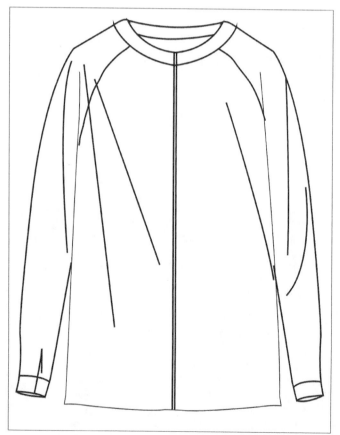

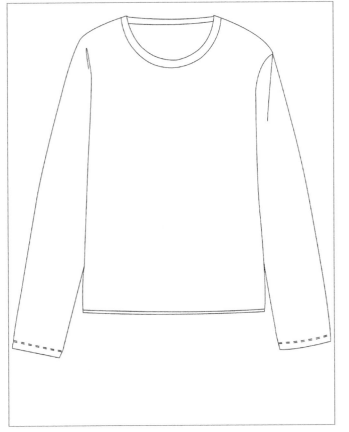

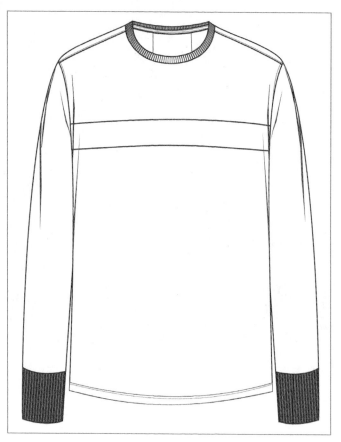

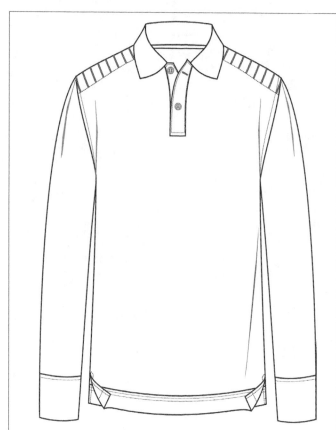

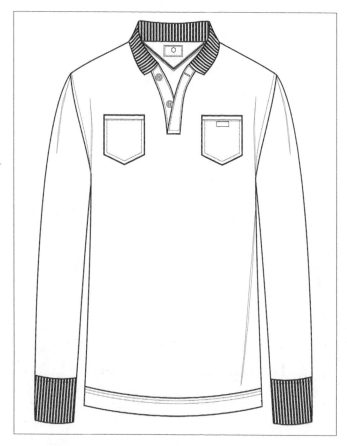

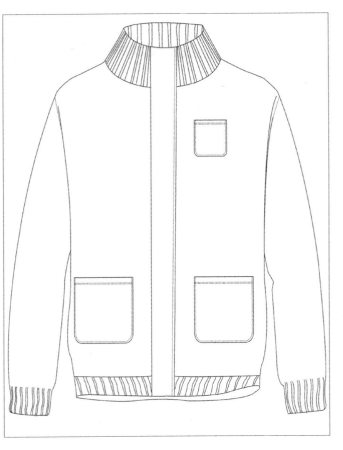

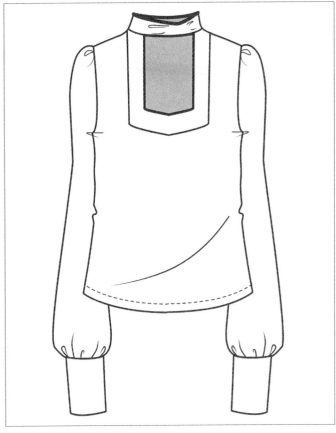

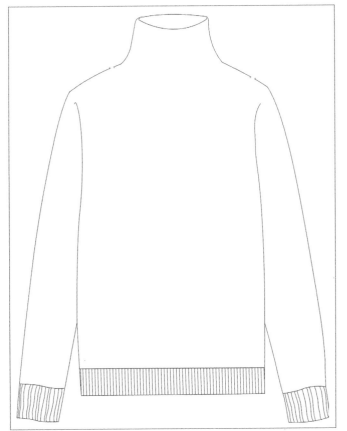

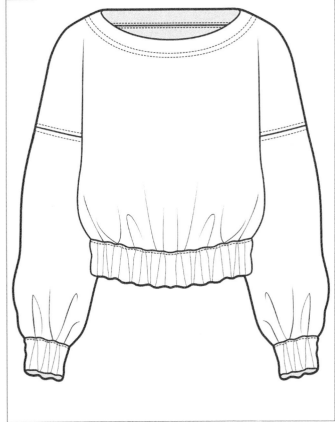

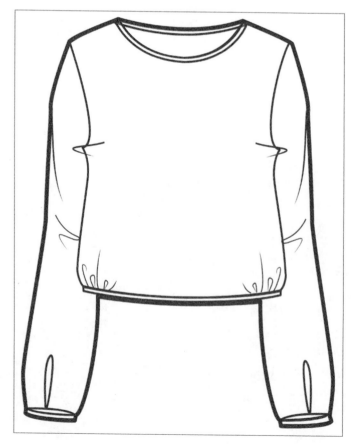

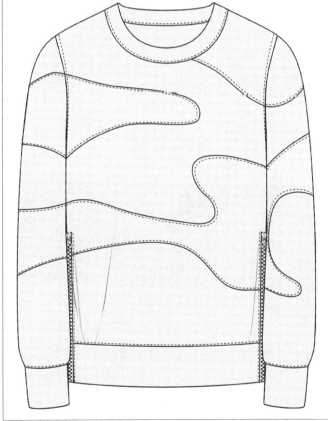

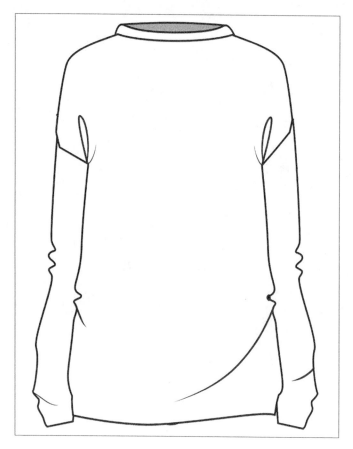

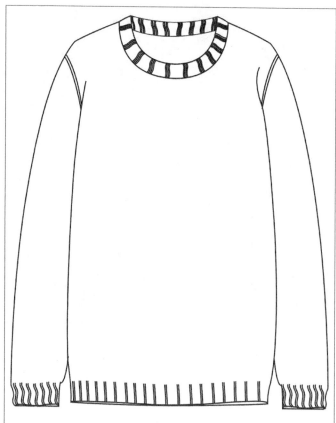

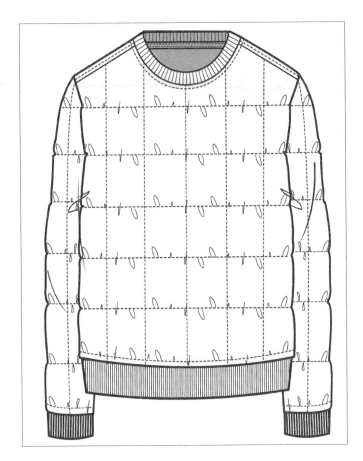

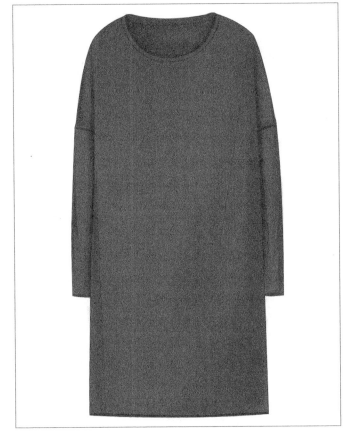

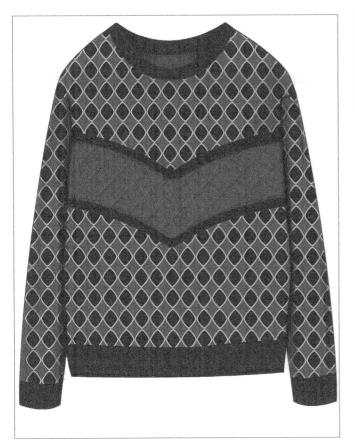

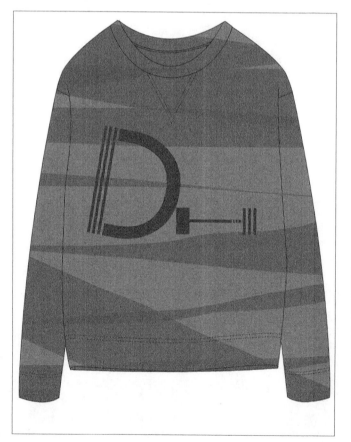

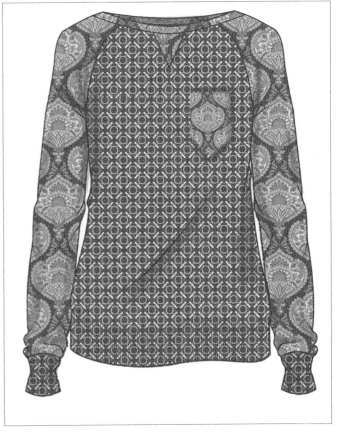

无袖T恤

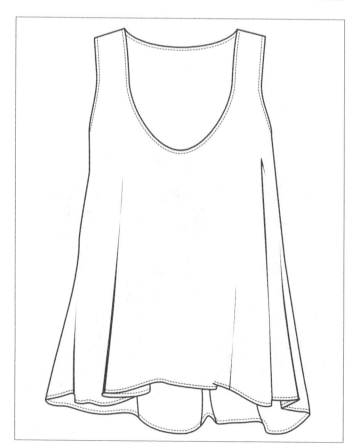

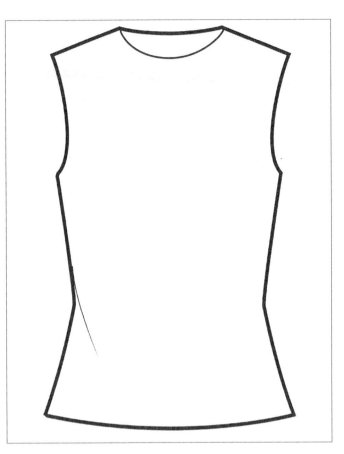

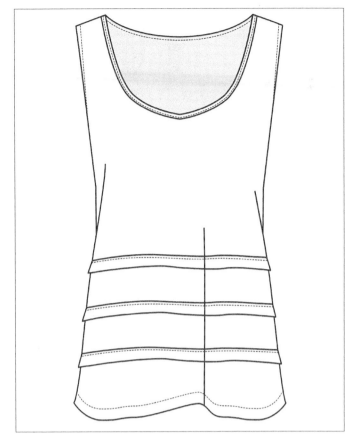

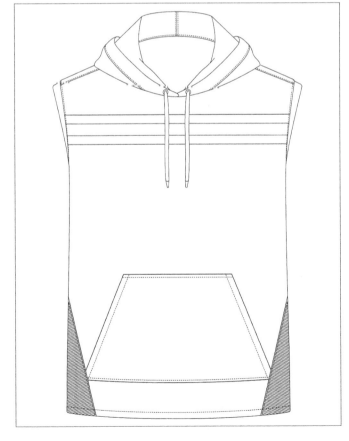

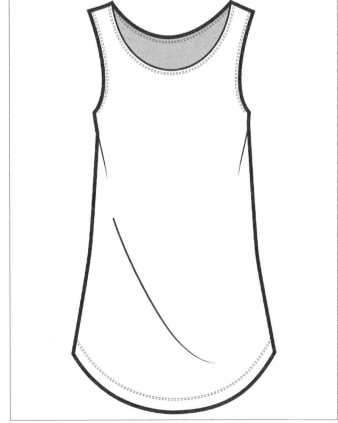

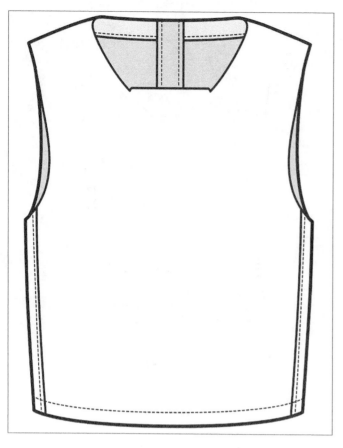

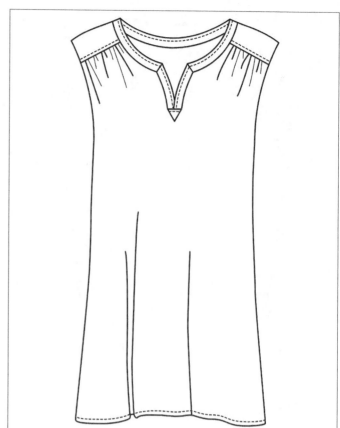

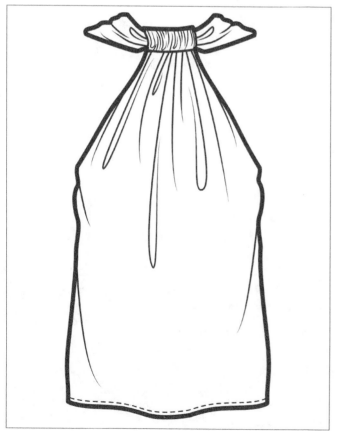

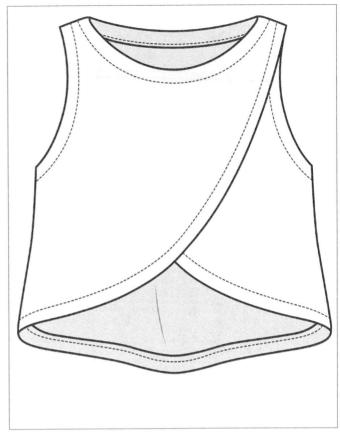

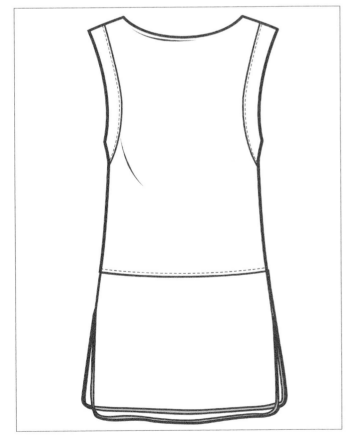

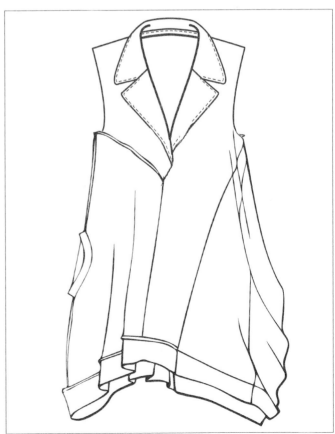

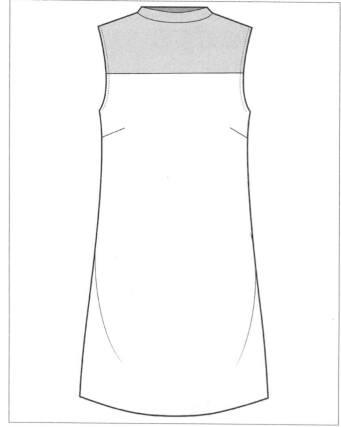

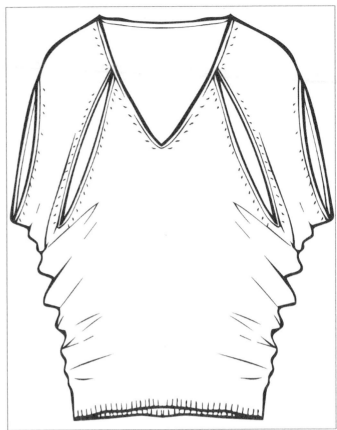

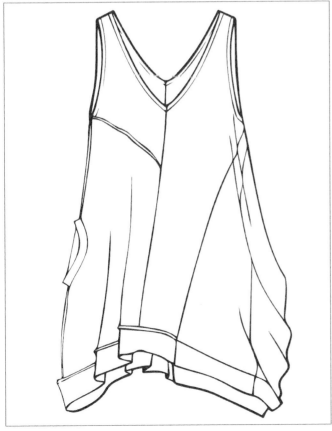

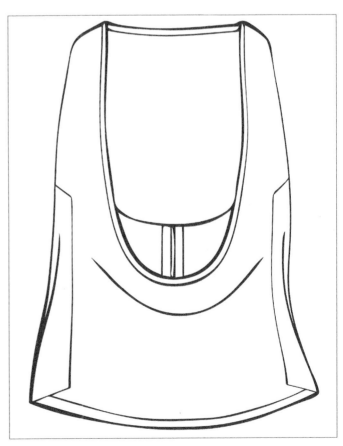

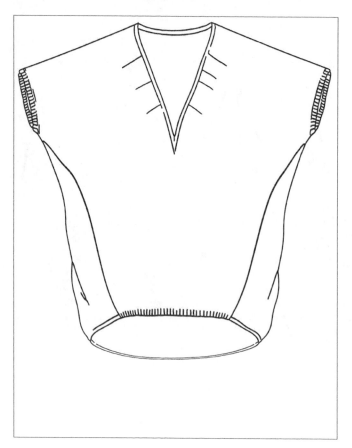

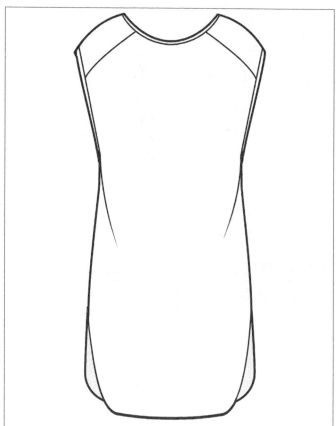

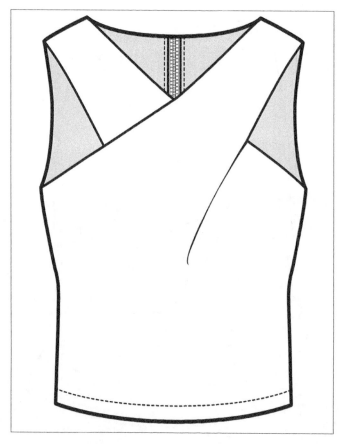

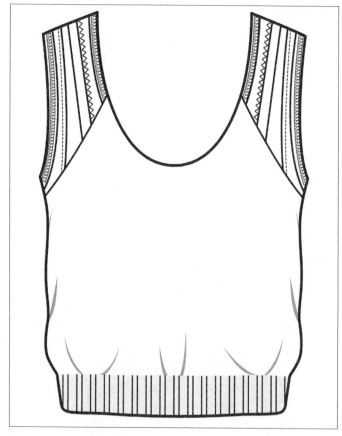

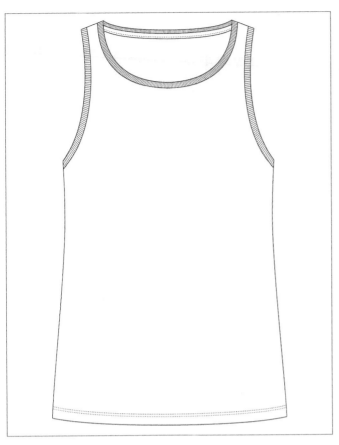

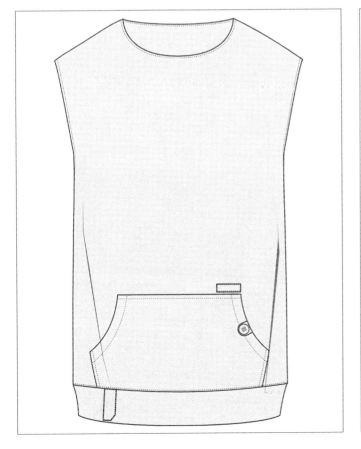

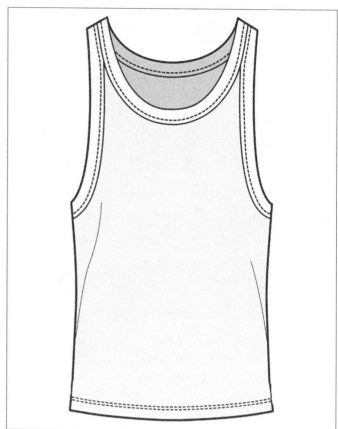

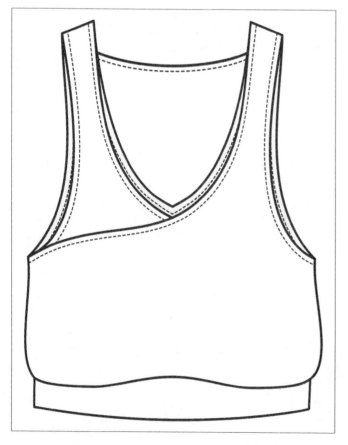

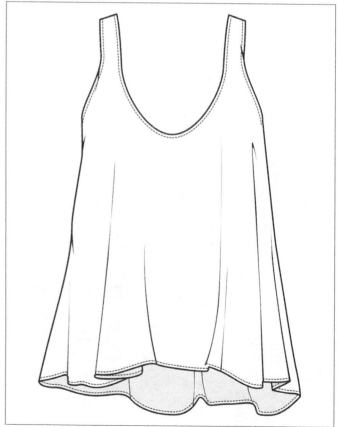

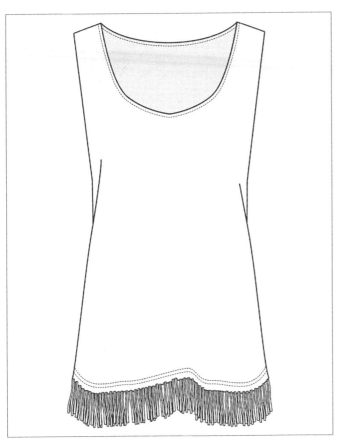

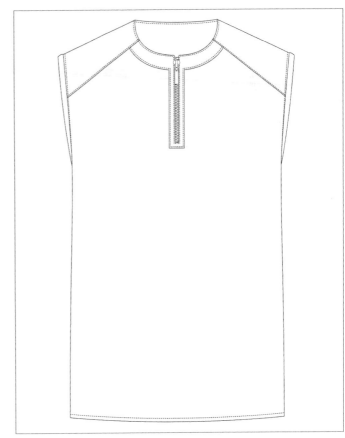

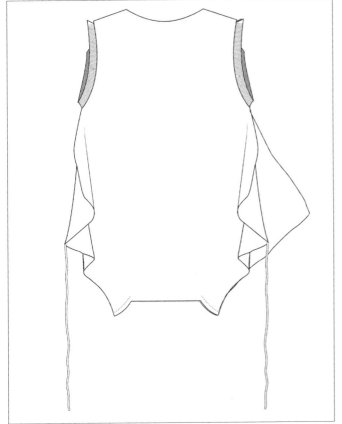

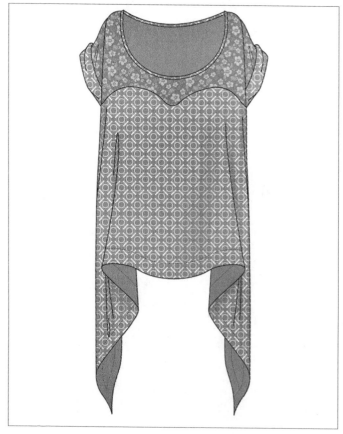

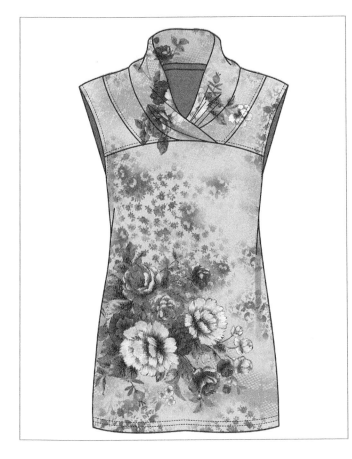

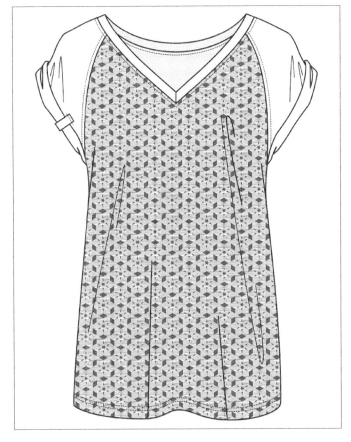

蝙蝠袖T恤

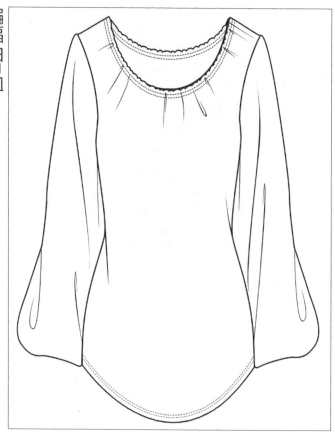

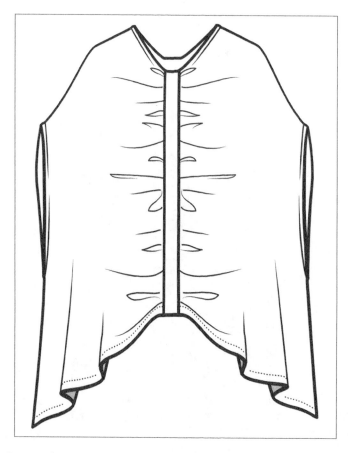

七分袖T恤

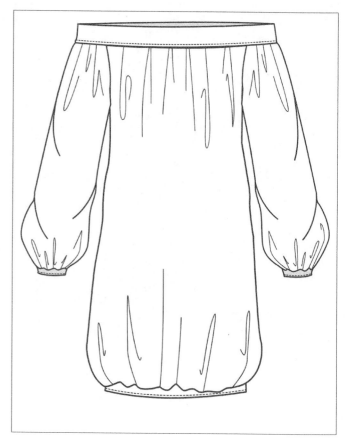

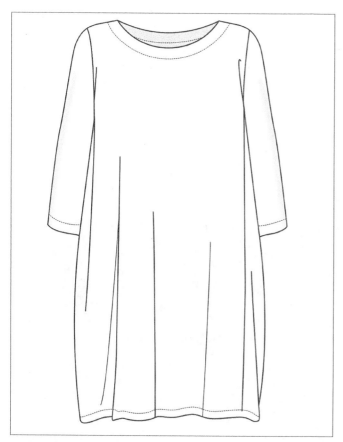

衬衣款式设计

衬衣也叫衬衫，结构变化不大，主要的设计亮点是领子部位，常见领型为纽扣领、敞角领和长尖领等。衬衫是男女常见服装款式。

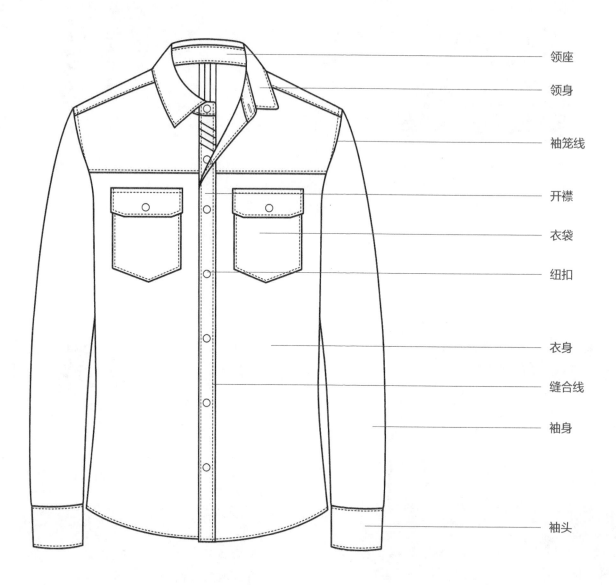

领座

领身

袖笼线

开襟

衣袋

纽扣

衣身

缝合线

袖身

袖头

长袖衬衣

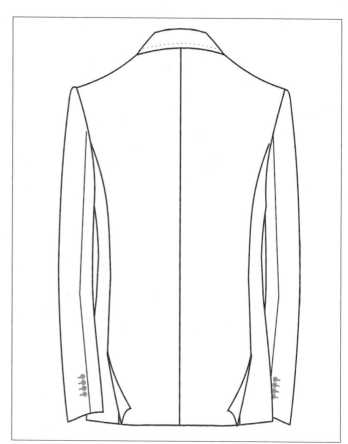

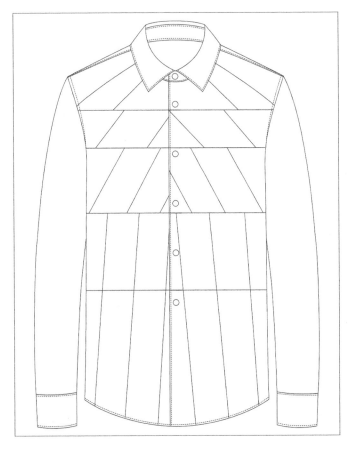

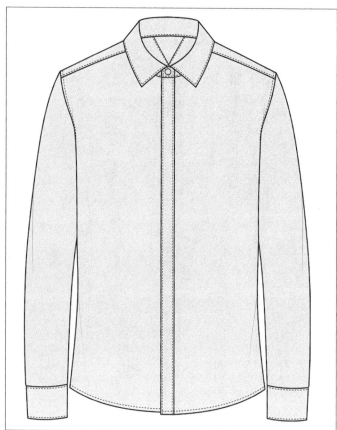

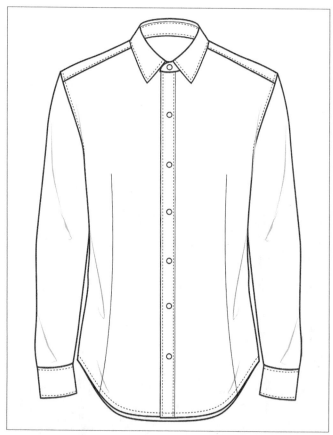

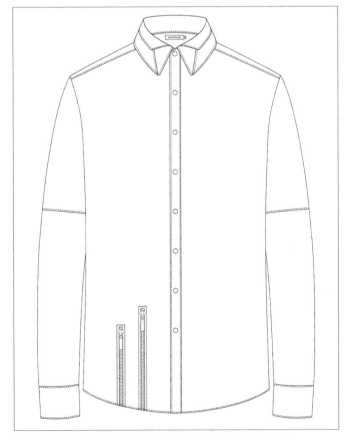

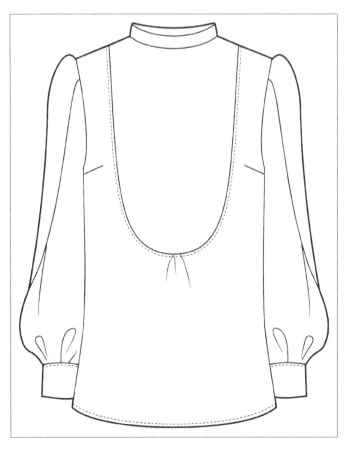

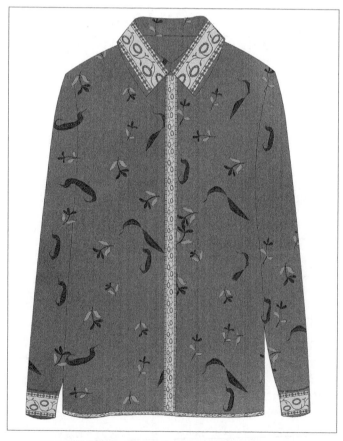

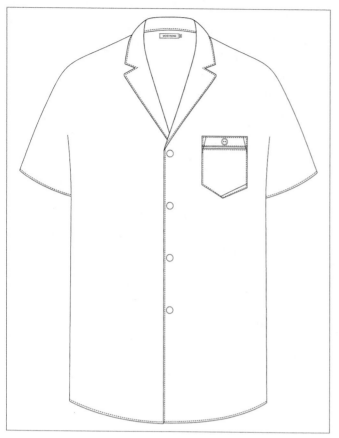

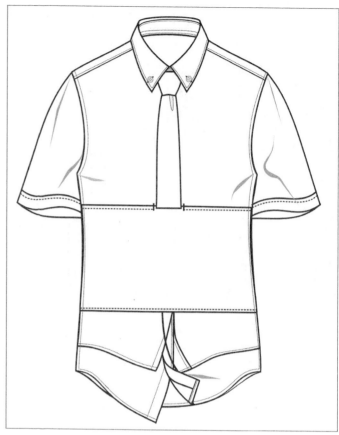

无袖衬衣

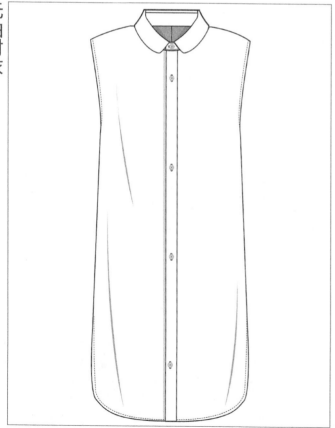

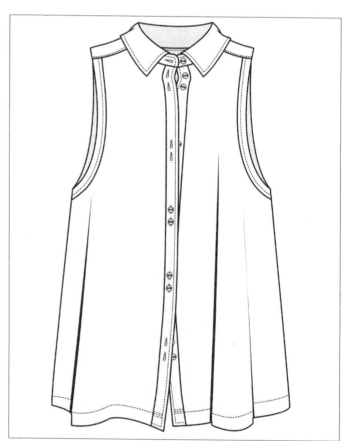

长款衬衣

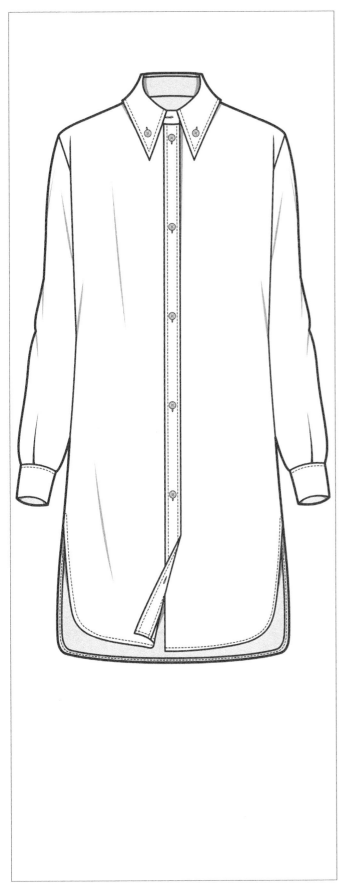

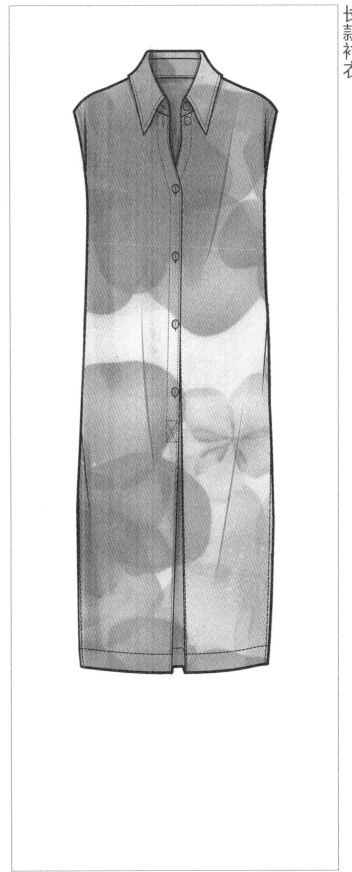

大衣款式设计

　　大衣起源于欧洲，款式一般在腰部横向剪接衣长至膝盖，开襟分为单排扣或者双排扣，常见款式为大翻领、收腰式，口袋以贴袋为主，多用粗呢子面料制作。随着科技的进步，大衣的面料和款式也更加多样化，是秋冬季节常见的服装款式。

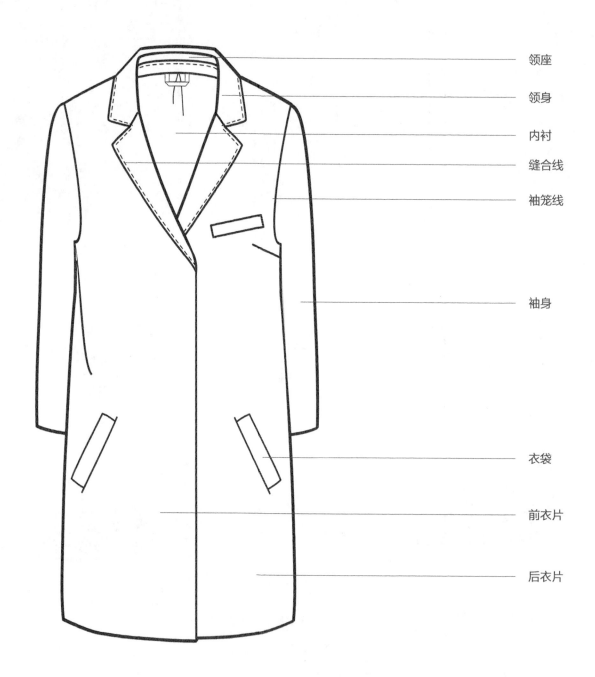

领座

领身

内衬

缝合线

袖笼线

袖身

衣袋

前衣片

后衣片

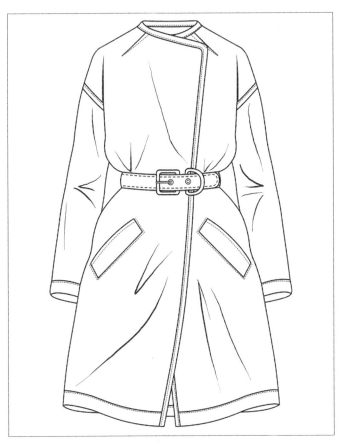

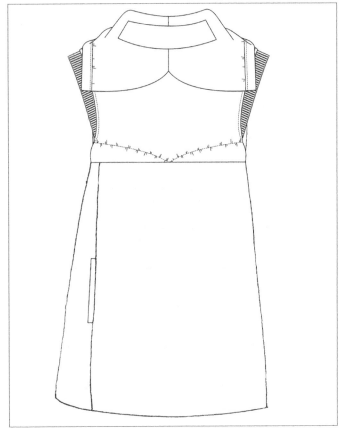

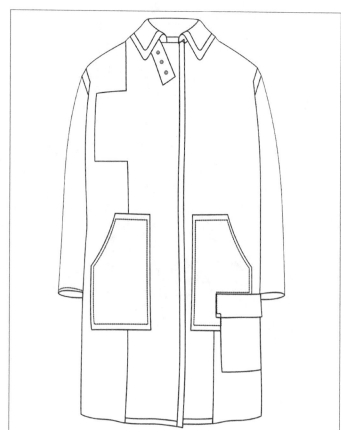

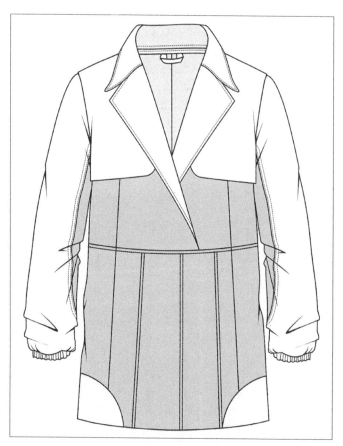

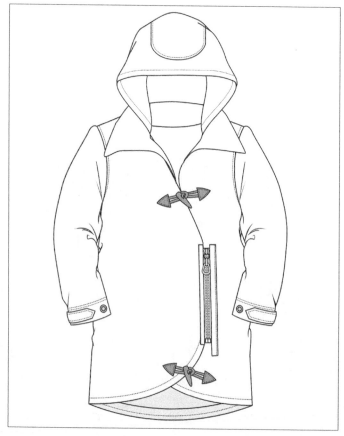

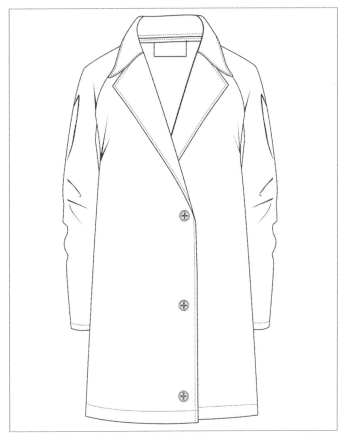

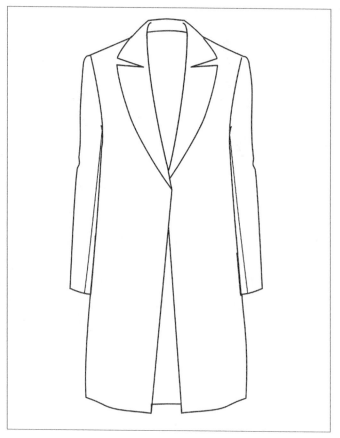

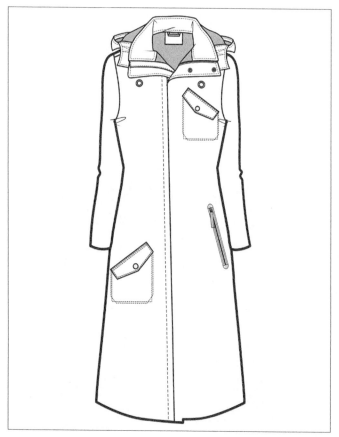

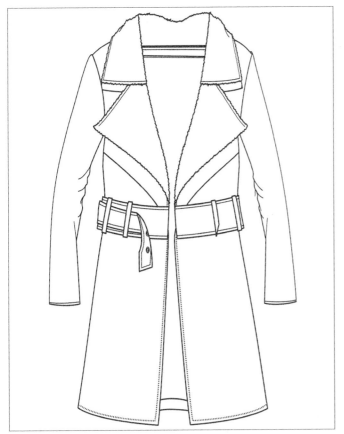

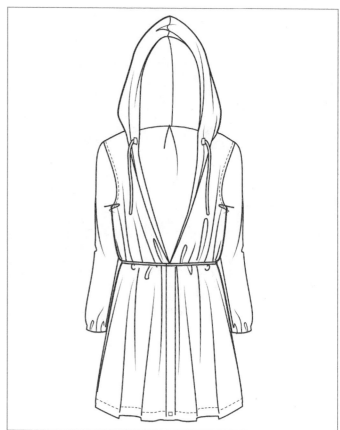

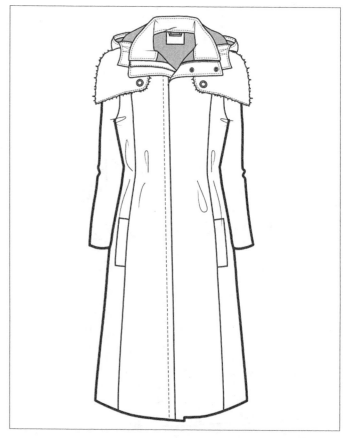

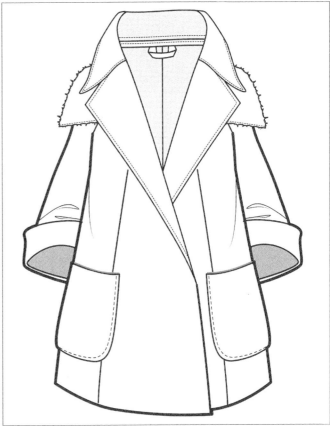

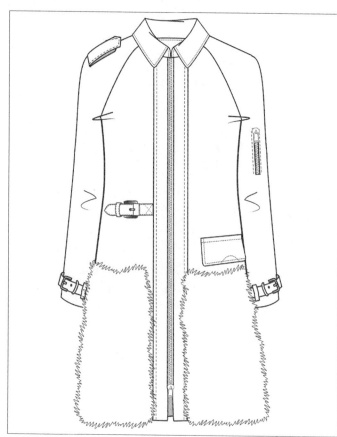

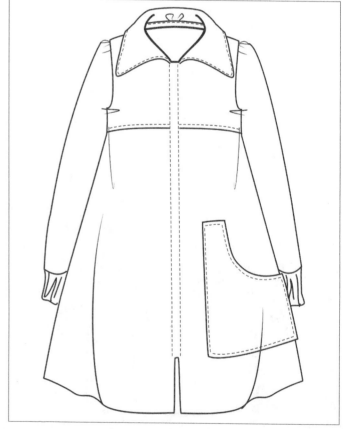

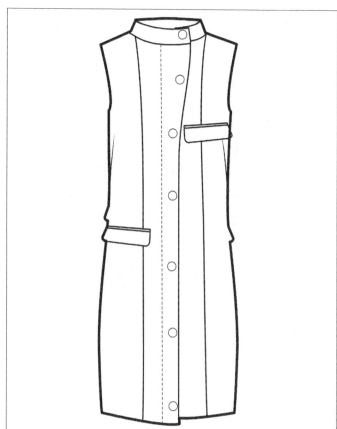

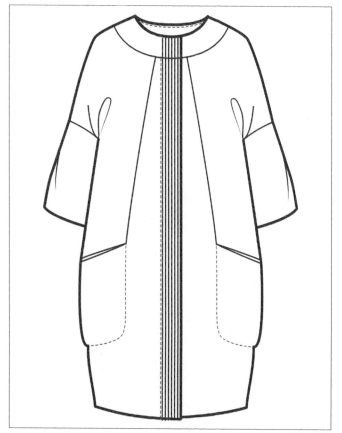

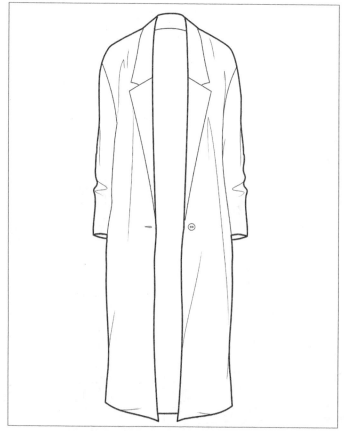

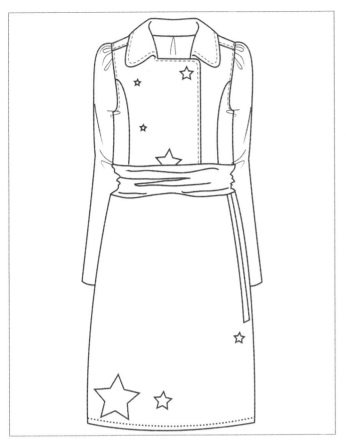

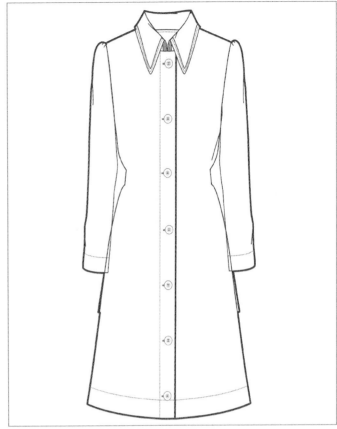

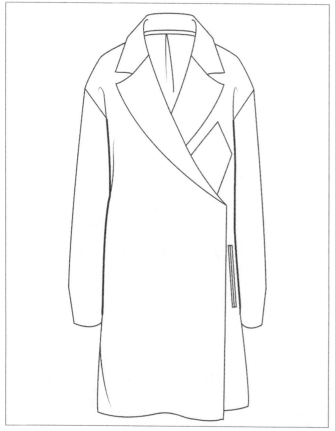

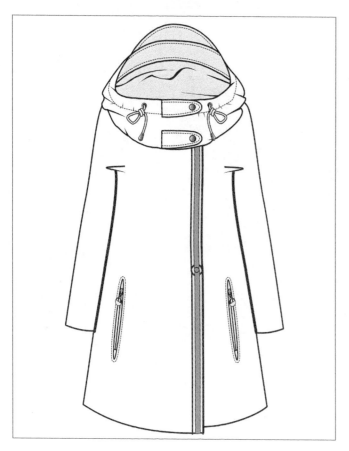

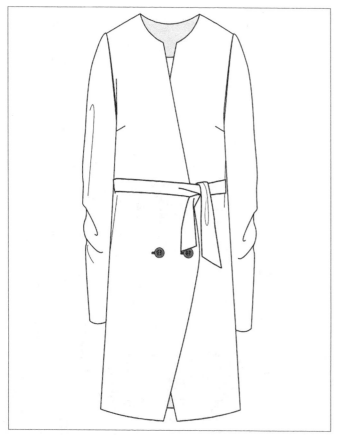

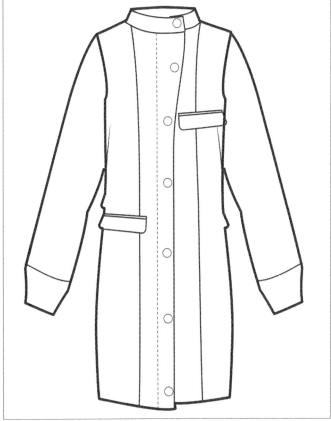

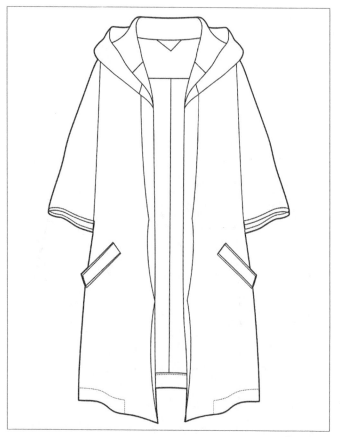

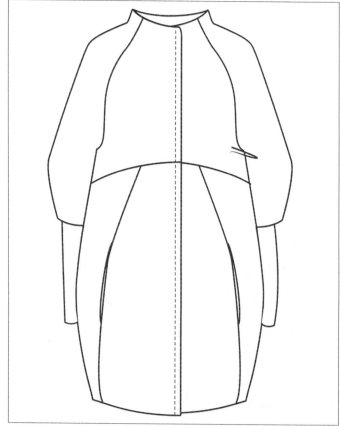

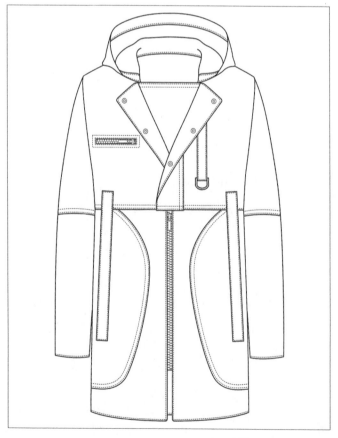

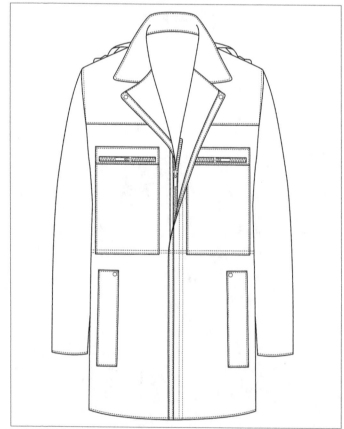

夹克款式设计

夹克属于短上衣类型，翻领对襟居多，多用按扣或者拉链。时尚百搭，在细分之下夹克有绗缝夹克、休闲夹克、骑士夹克、飞行员夹克和羽绒夹克等，多是秋冬常见款式。夹克的结构上除了下摆、袖口不经常变化以外，其他结构都没有太大的限制。很多服装也都是如此，所以有时候要明确区分一款服装的归类特点是很难的。

领座

帽子

领身

内衬

袖笼线

缝合线

袖身

纽扣

开襟

袖头

下摆

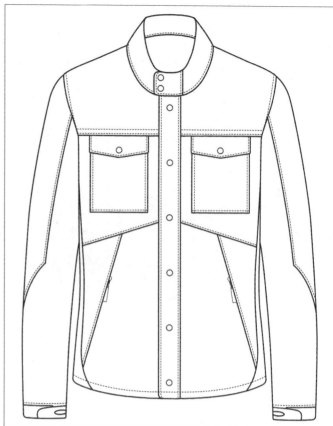

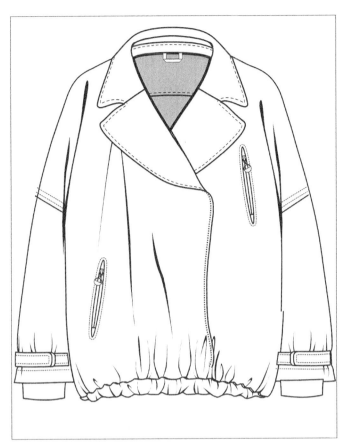

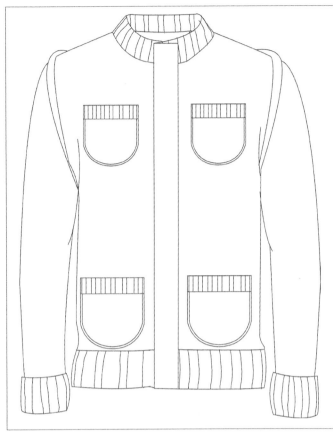

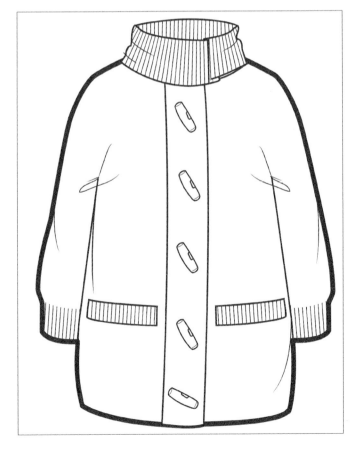

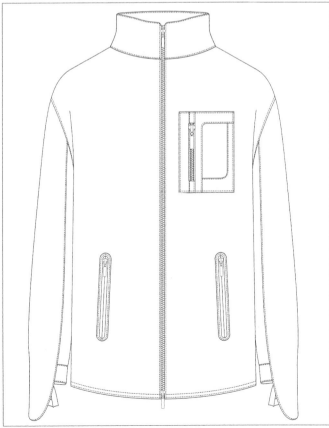

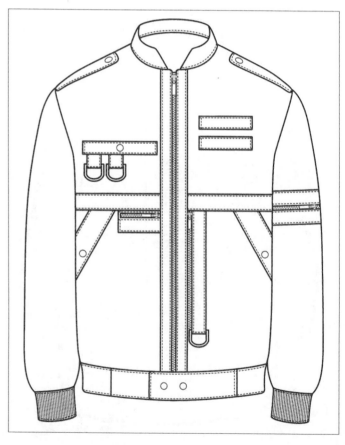

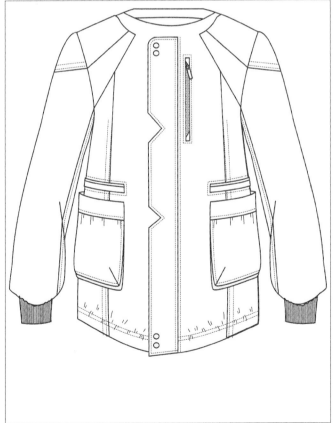

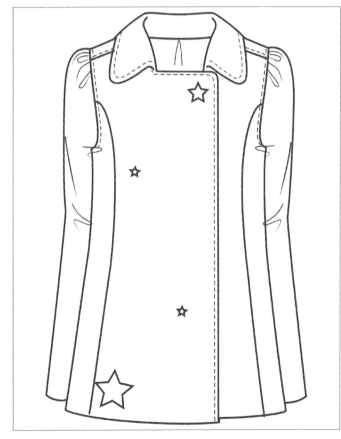

披肩款式设计

　　披肩也叫云肩，是近几年比较常见的一种服装款式，针织居多，外形结构为无袖，衣片宽大包裹肩部。大多数披肩为单片缝合后领开拉链或者两片结构中间开对襟。

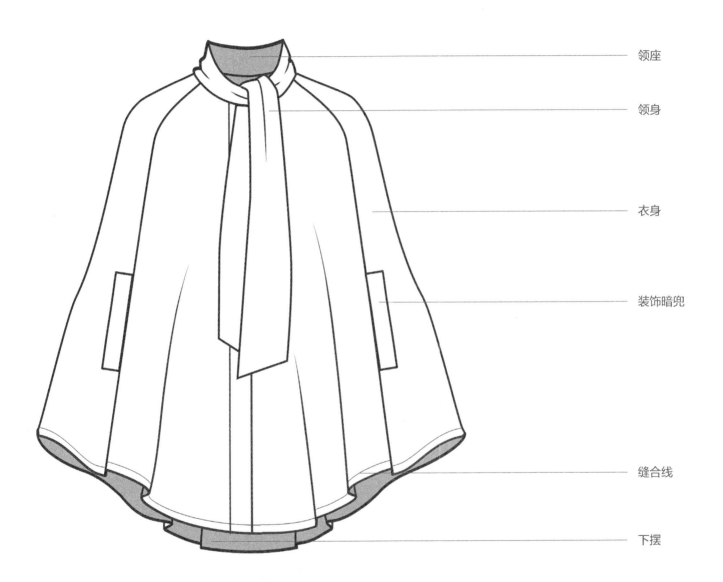

领座

领身

衣身

装饰暗兜

缝合线

下摆

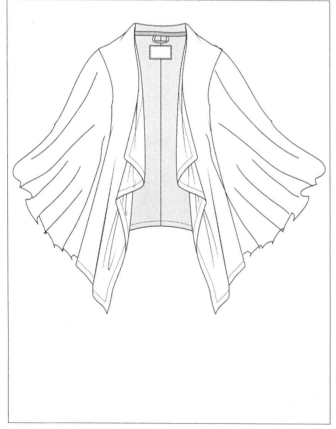

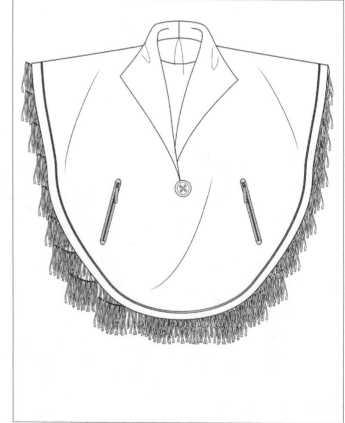

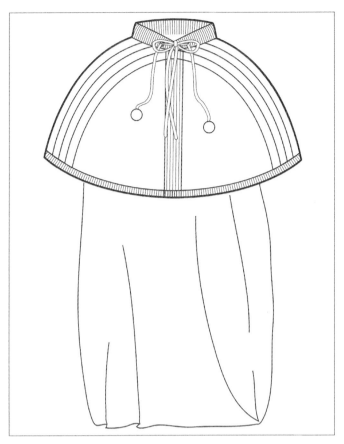

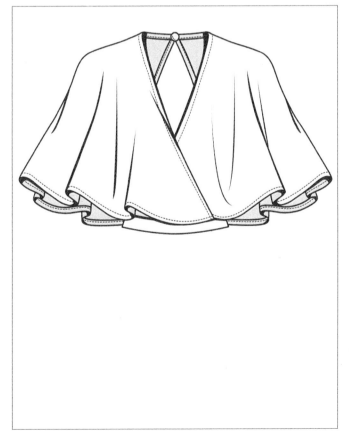

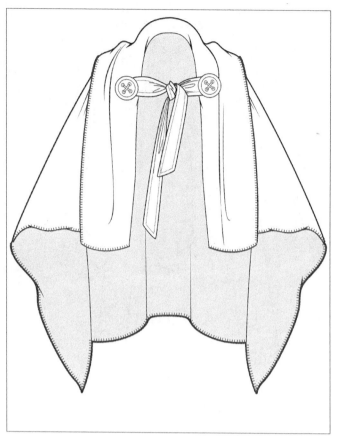

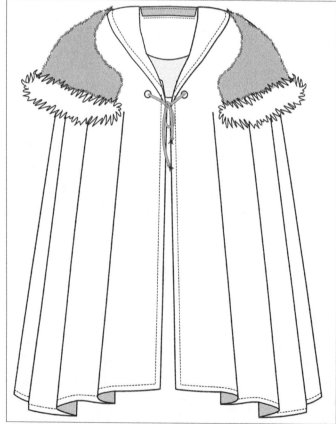

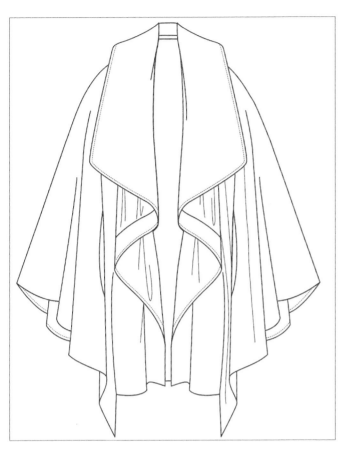

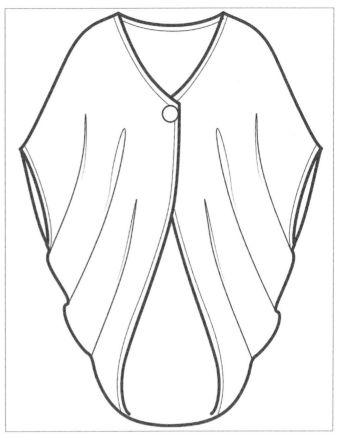

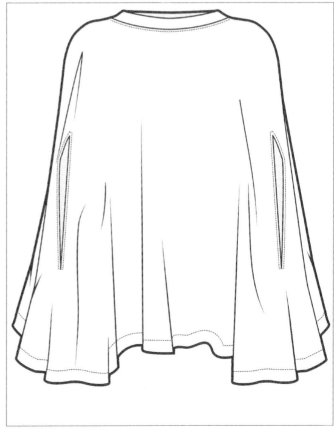

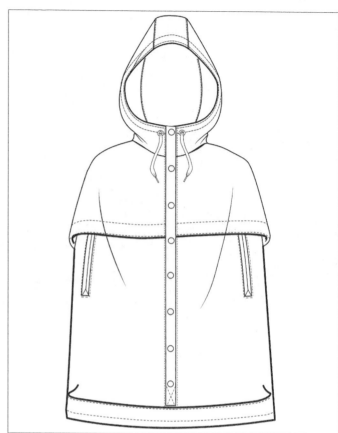

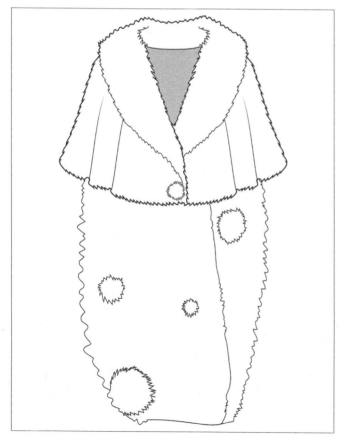

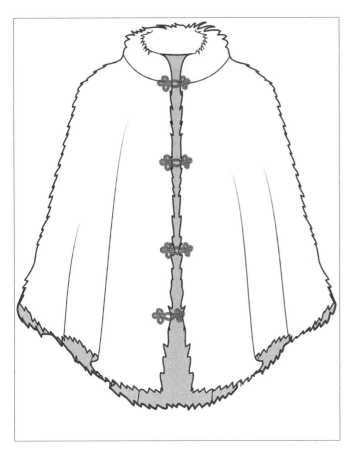

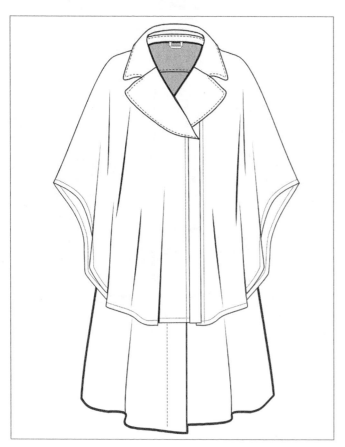

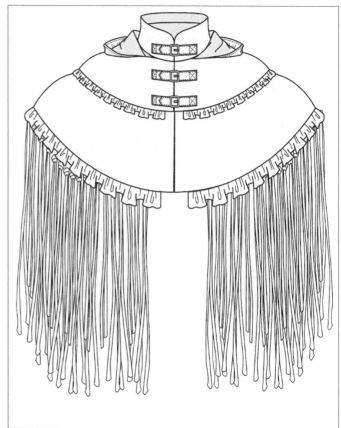

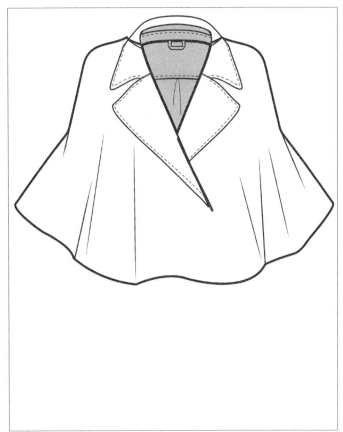

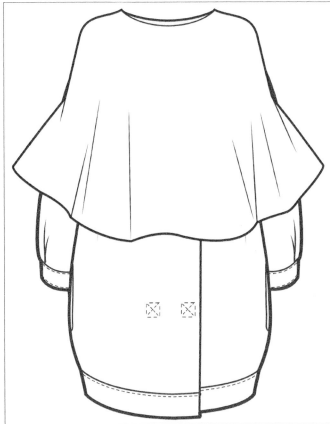

卫衣款式设计

卫衣主要以时尚舒适为主，多为休闲风格。卫衣的款式主要有套头、开胸衫、修身、长衫、短衫和无袖衫等。由于卫衣舒适温暖的特质，使其成为春秋季节的首选。

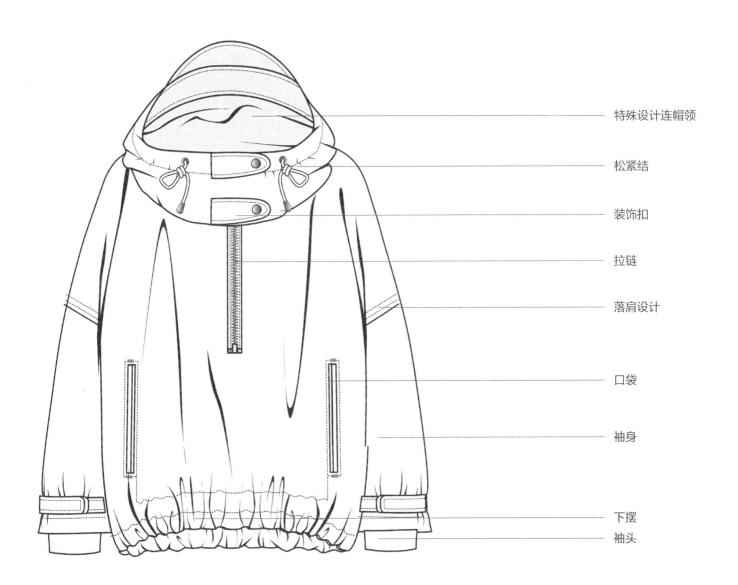

特殊设计连帽领

松紧结

装饰扣

拉链

落肩设计

口袋

袖身

下摆

袖头

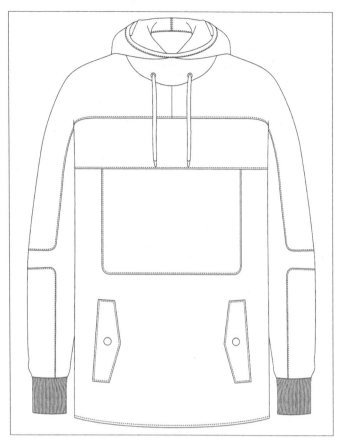

休闲上衣款式设计

　　这里所说的休闲上衣与大衣款式更加相似，但是大衣给人的感觉有些偏向于商务正装。我们这里介绍的既是日常装也是半商务的服装款式，大翻领居多，开襟内扣、双排扣、单排扣结构。

　　在绘制款式图的时候我们应当围绕人体人台原型进行绘制，因为是休闲类，衣身轮廓会松弛一些。

领座

内衬

领身

缝合线

袖笼

衣身

袖身

口袋

袖头

下摆

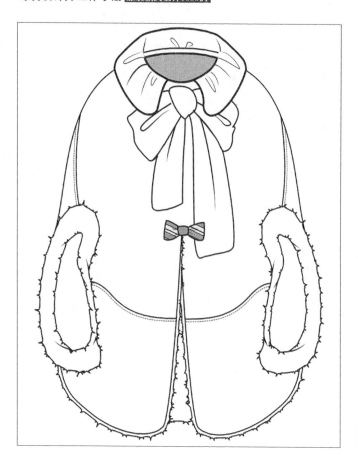

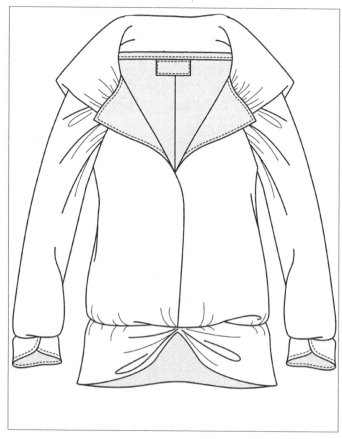

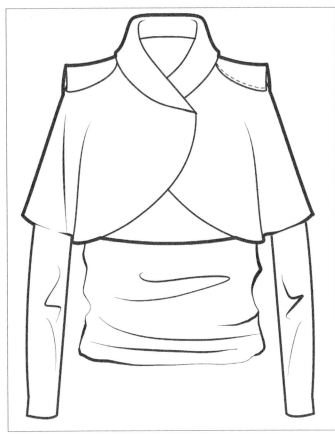

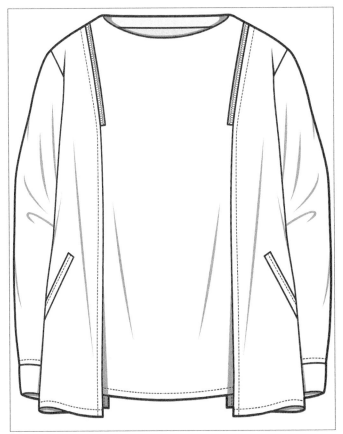

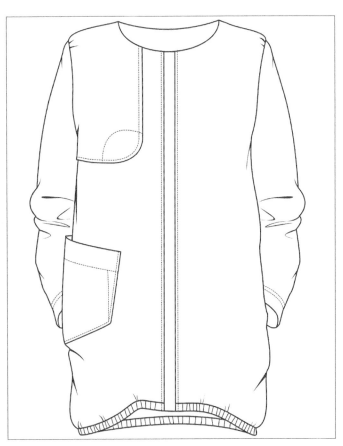

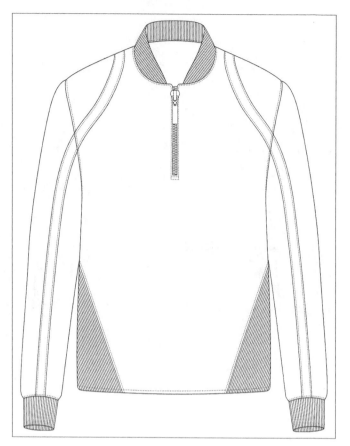

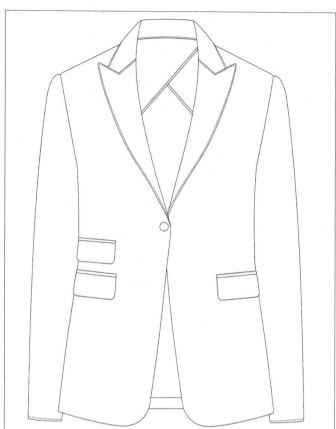

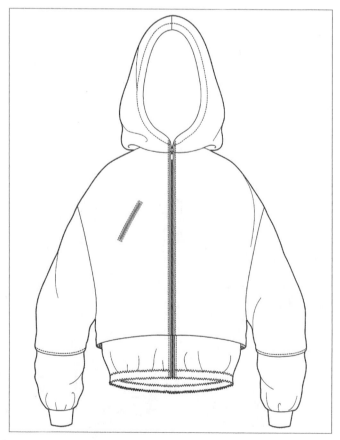

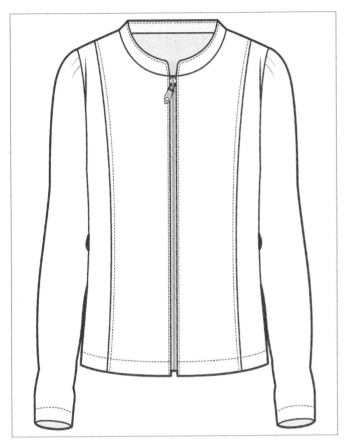

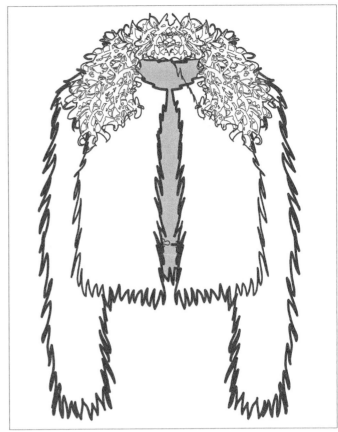

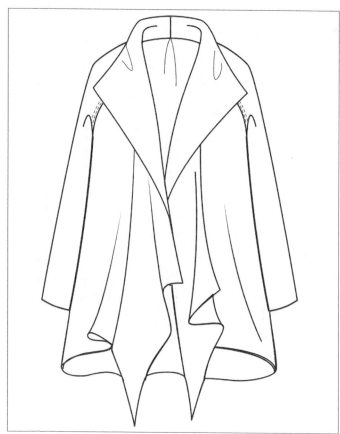

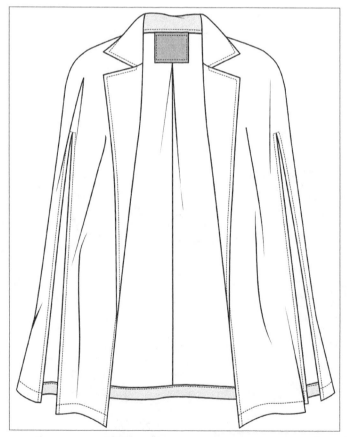

针织衫款式设计

　　针织衫是我们日常生活中最为常见的一种秋冬服装，主要材质为毛线织成，特点是较为柔软，设计感强。针织衫的主要组成部分有衣领、袖子和衣身。

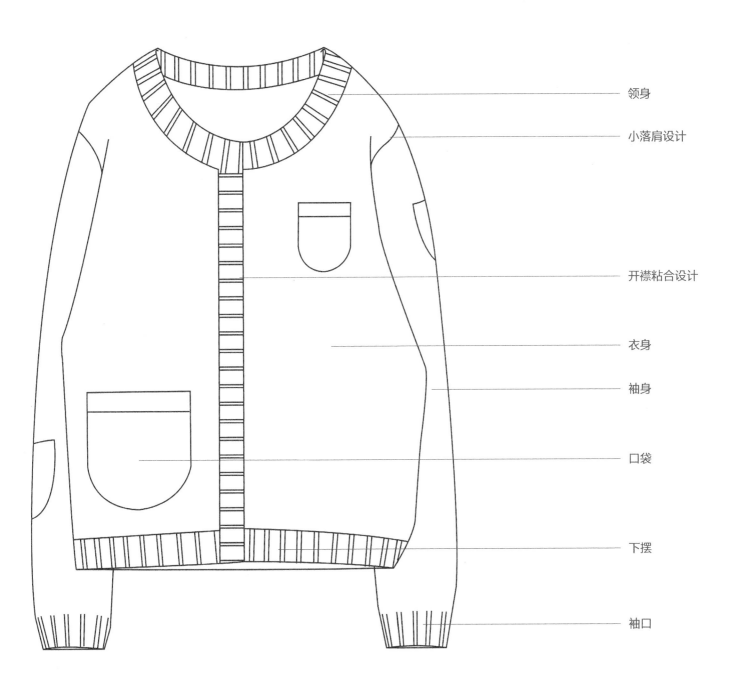

领身

小落肩设计

开襟粘合设计

衣身

袖身

口袋

下摆

袖口

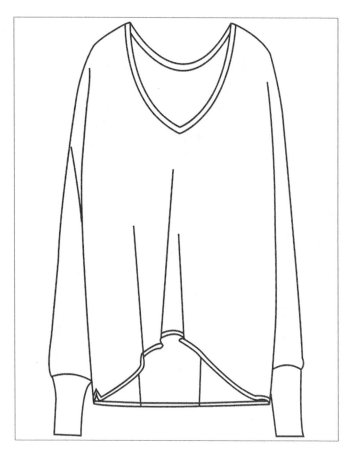

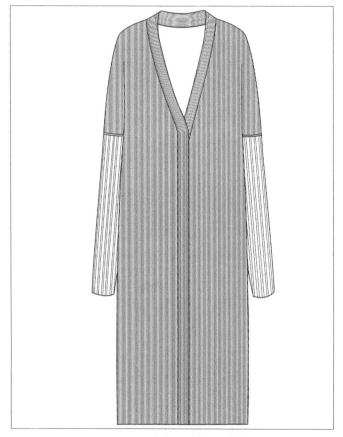

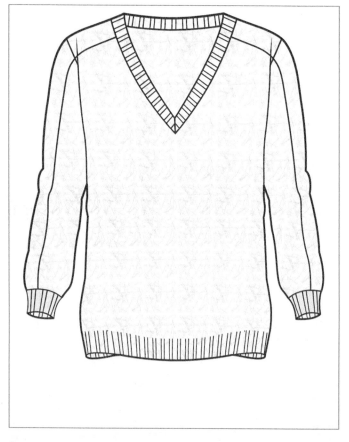

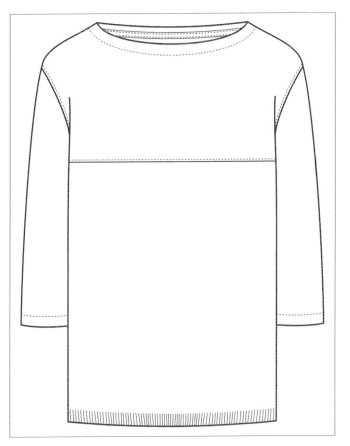

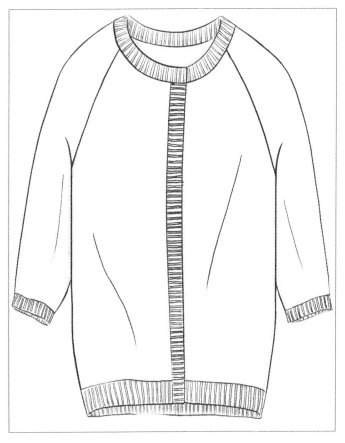

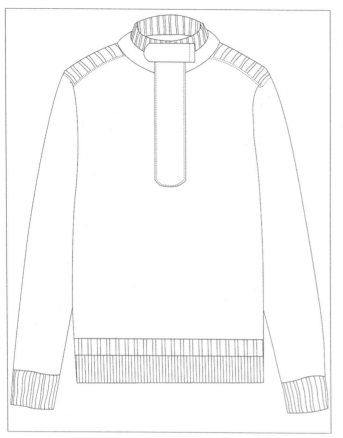

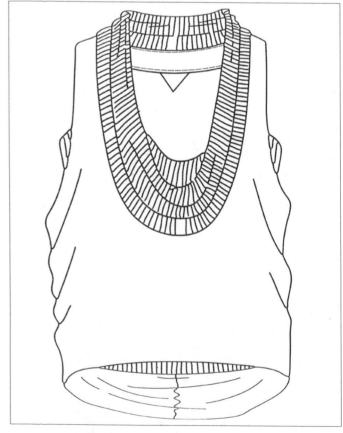

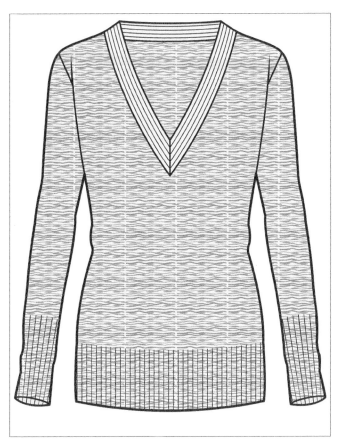

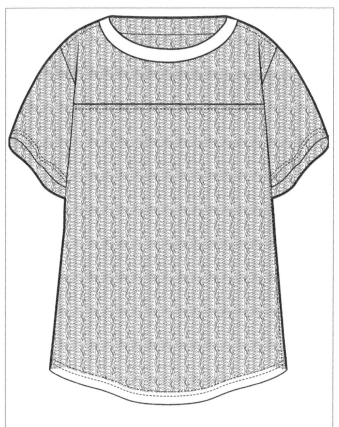

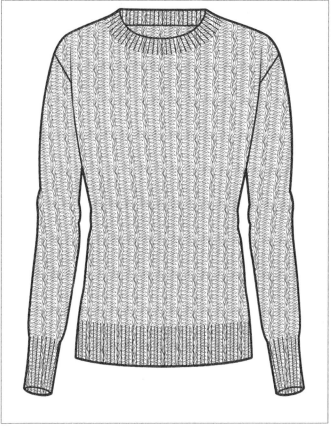

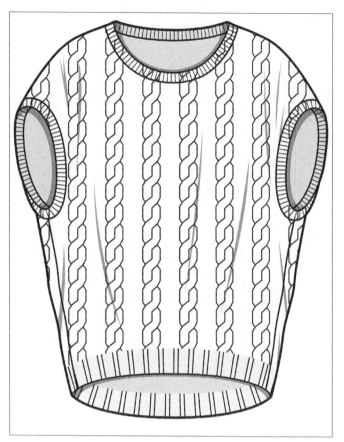

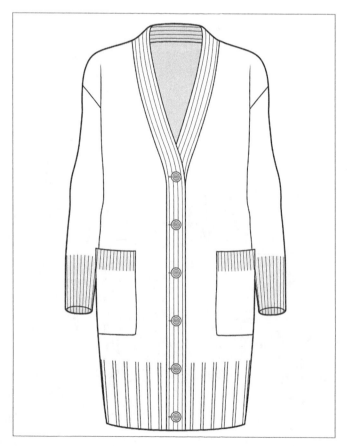

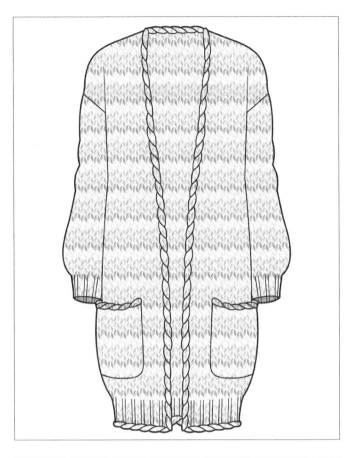

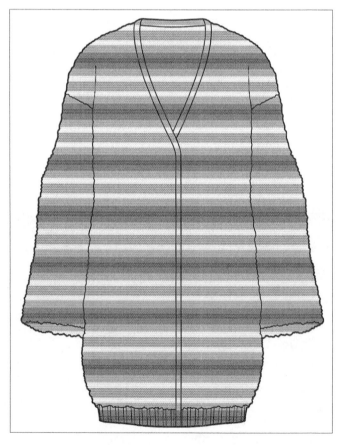

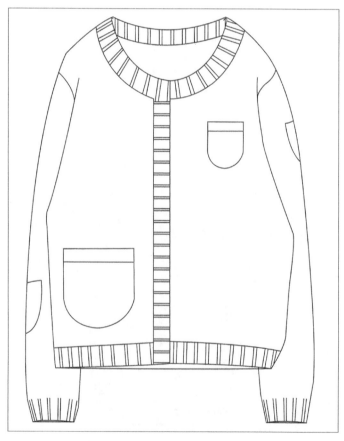

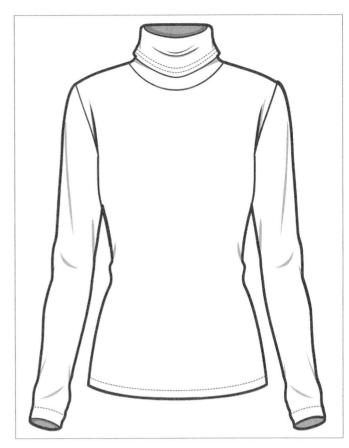

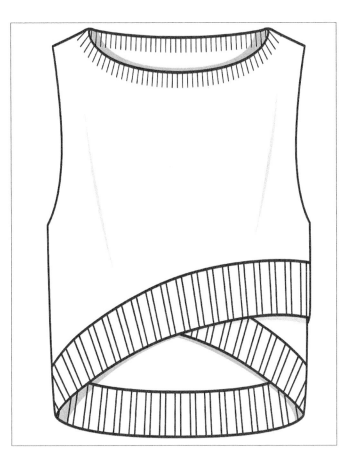

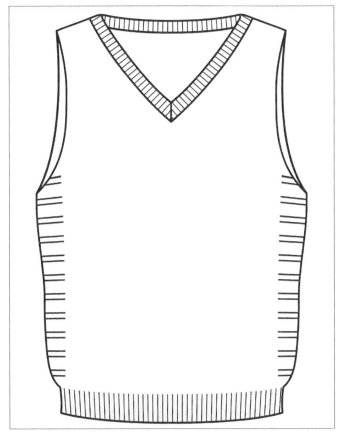

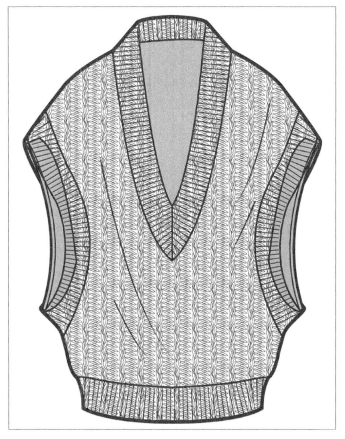

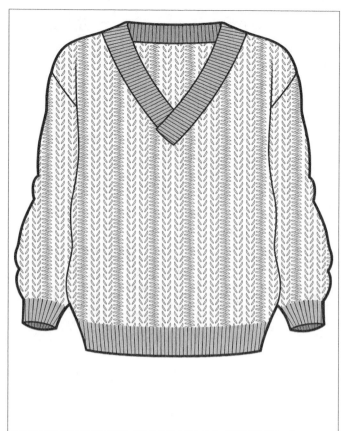

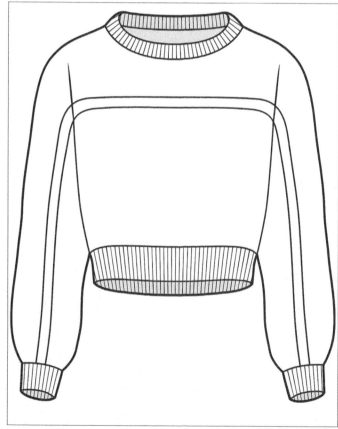

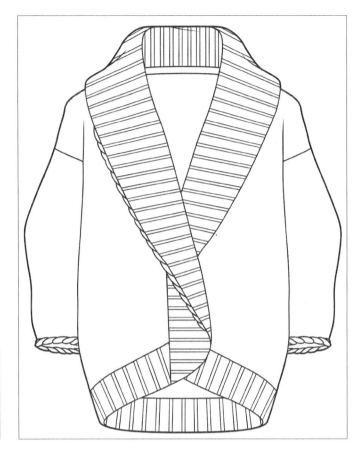

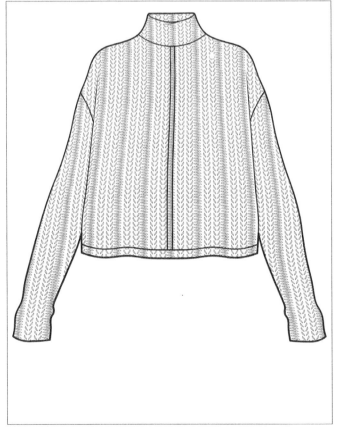

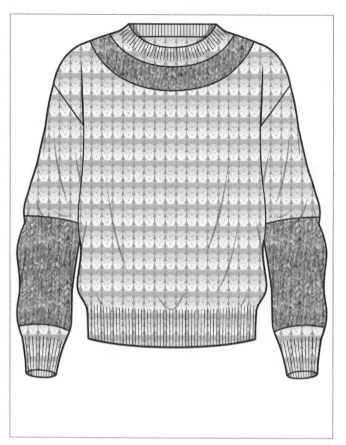

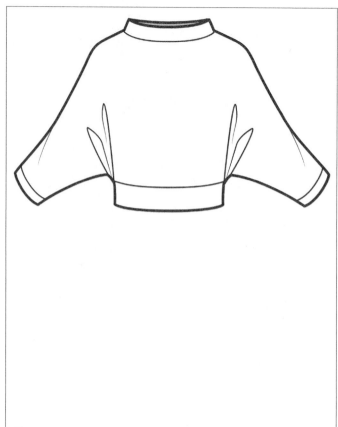

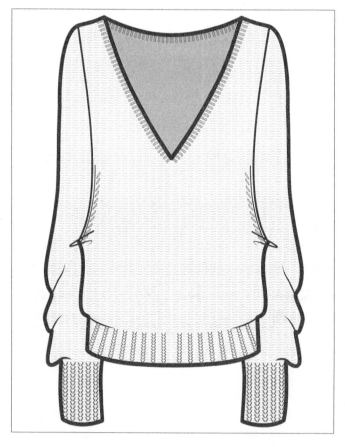

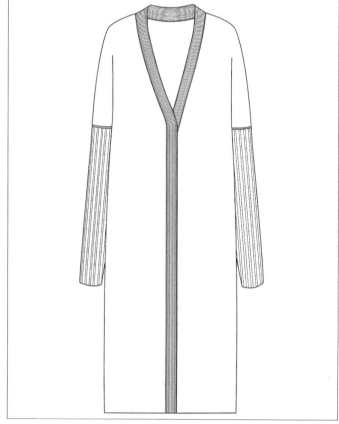

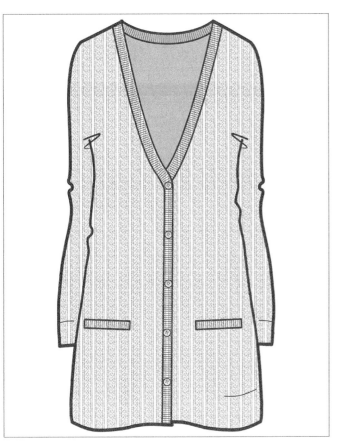

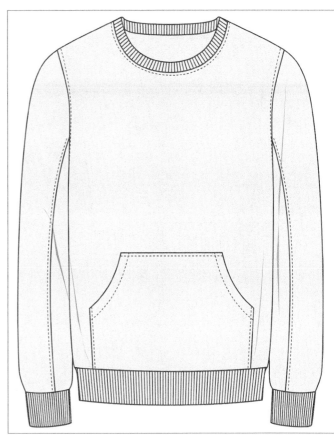

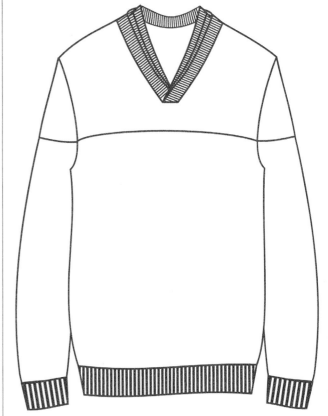

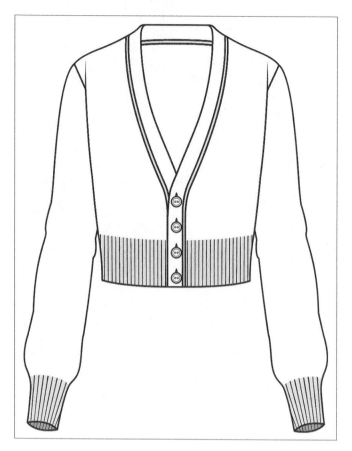

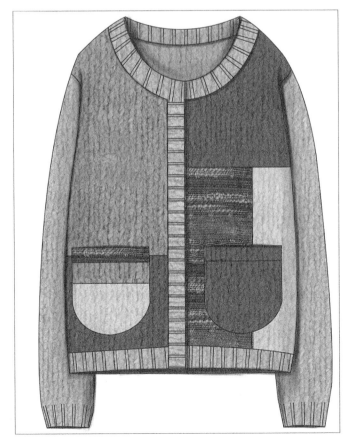

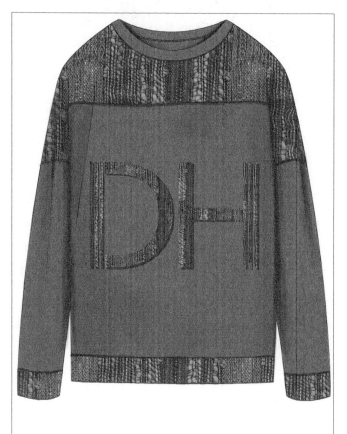

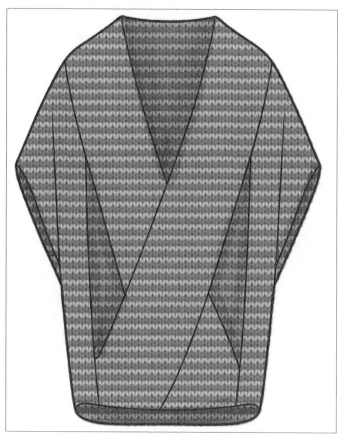

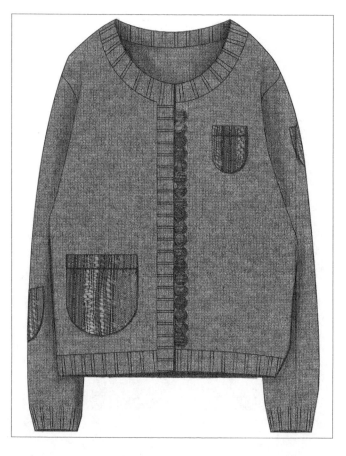

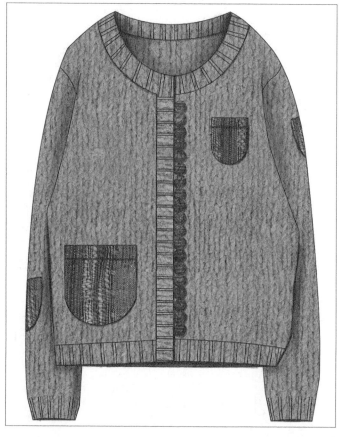

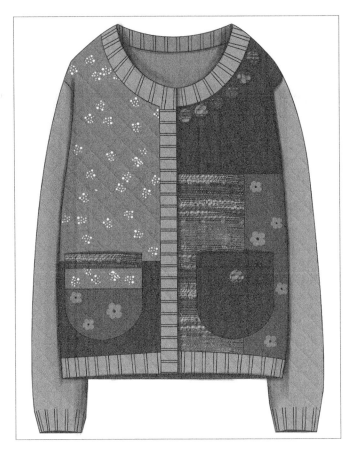

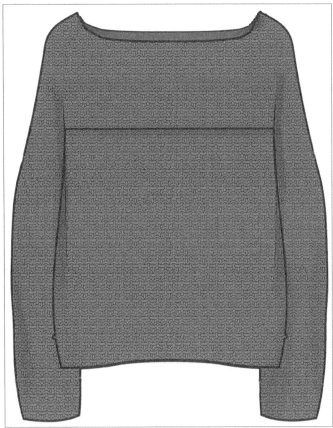

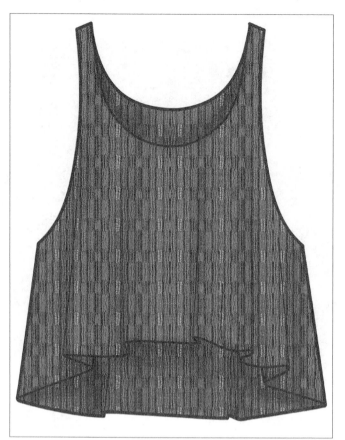

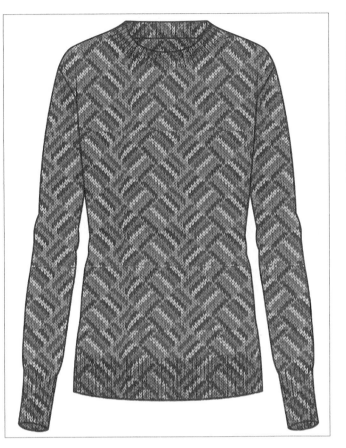

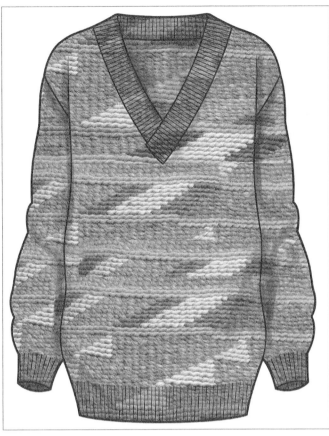

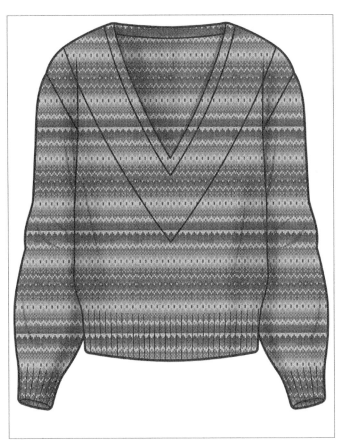

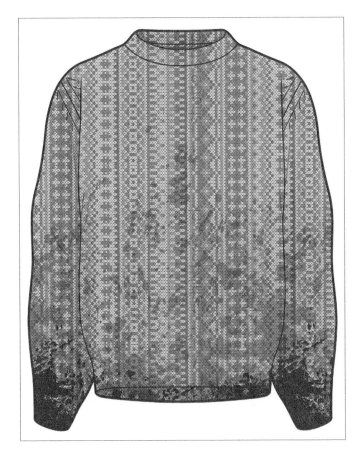

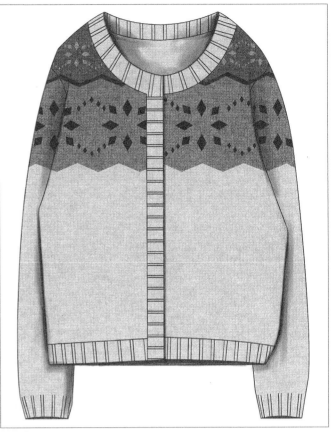

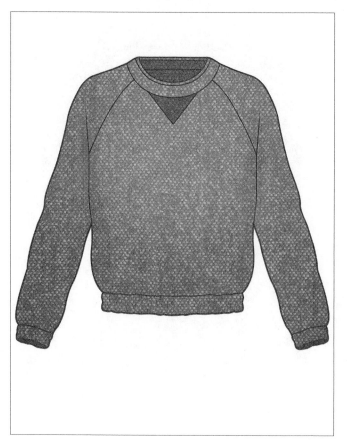

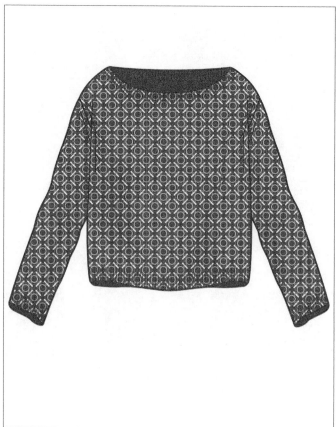

第3章

下装款式设计

下装主要是指常见的长裤、短裤、七分裤和短裙等服装款式。从结构变化上来讲，下装并没有上装款式那么复杂多样，但是下装的工艺是最难、最苛刻的，其中裤装是最为复杂、最讲究细节的。在接下来的一些案例和款式图中，希望大家认真地去研究裤装腰头、开襟和裤中线等一些细节的变化。

下装款式设计实例解析

长裤款式设计实例解析

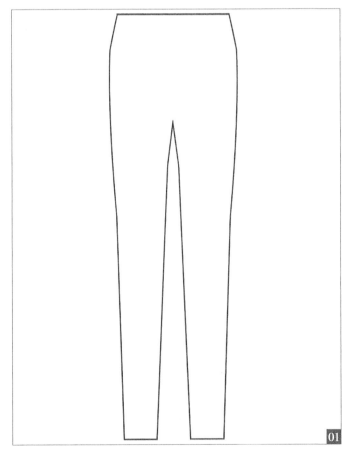

01 在绘制裤子的时候，先通过标准人体结构得到裤子的原型模板。

02 为裤腰头绘制出宽度，并画出裤子的门襟。

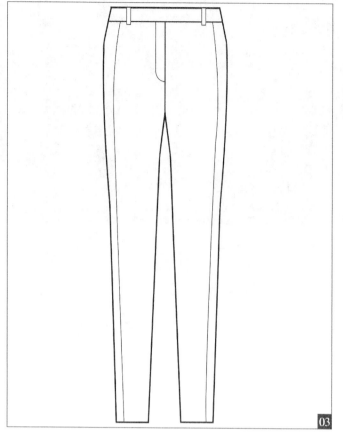

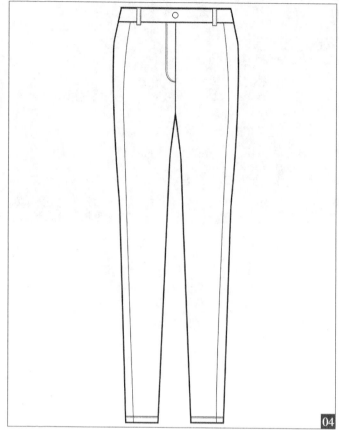

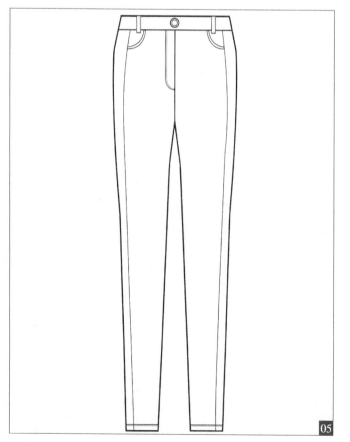

03 绘制出裤耳和裤中线。

04 绘制出裤头纽扣、门襟缝合线和裤脚缝合线。

05 为裤子增加细节，完稿。

短裤款式设计实例解析

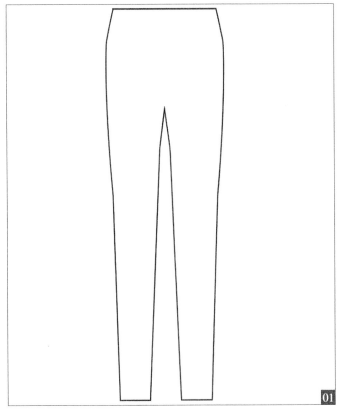

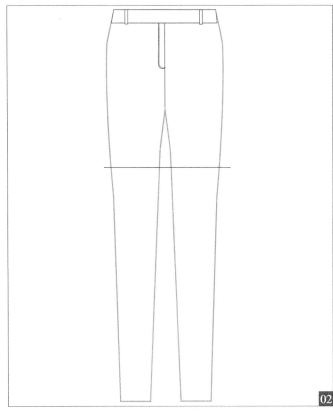

01 无论画长裤、短裤、七分裤还是超短裤，都要根据下体裤身原型进行绘制。

02 绘制出腰头位置与短裤裤口尾部的位置。

03 完善短裤的外轮廓。

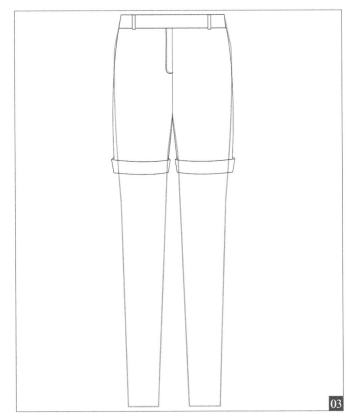

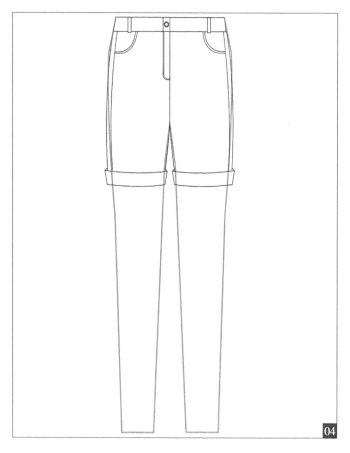

04

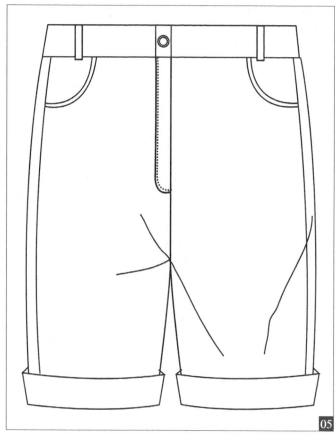

05

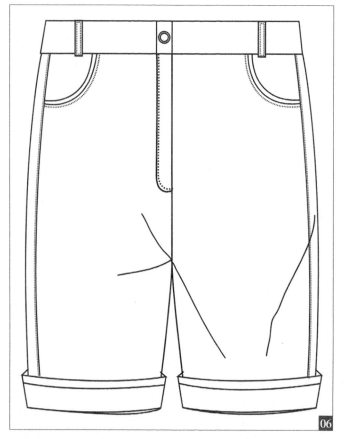

06

04 画出短裤款式的分片位置，并增加细节。

05 去掉辅助线，让整个短裤款式图看起来完整、干净。

06 画出缝合线，完稿。

短裙款式设计实例解析

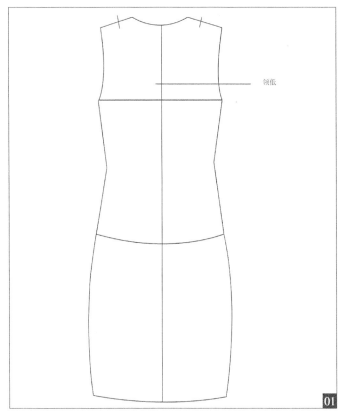

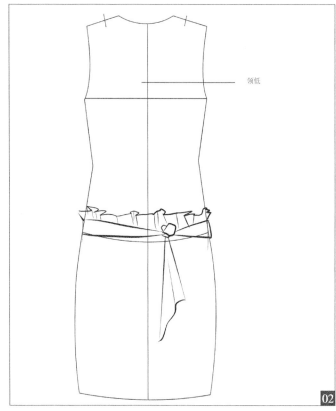

01 在绘制短裙的时候，需要用整身人台的原型来确认腰部位置，方便以后的绘制。

02 为短裙绘制出腰带的位置。

03 完善整个短裙的轮廓。

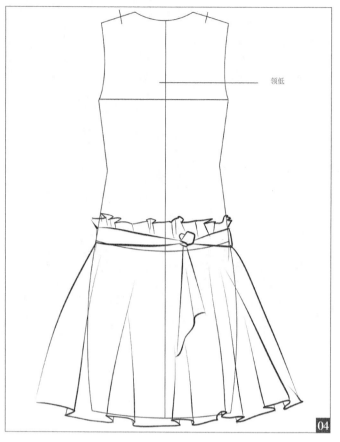

领低

04 为轮廓增加细节，画出裙子的褶皱。

05 去掉辅助线，让画面看起来完整。

06 画出缝合线，完善细节，完稿。

长裤款式设计

裤子一般由裤腰、裤裆和裤腿构成。根据裤子长度的不同可分为迷你裤、短裤和吊脚裤等。其中裤脚位置的变化较多，如灯笼裤、马裤和直筒裤等主要体现在裤脚位置的设计变化上。

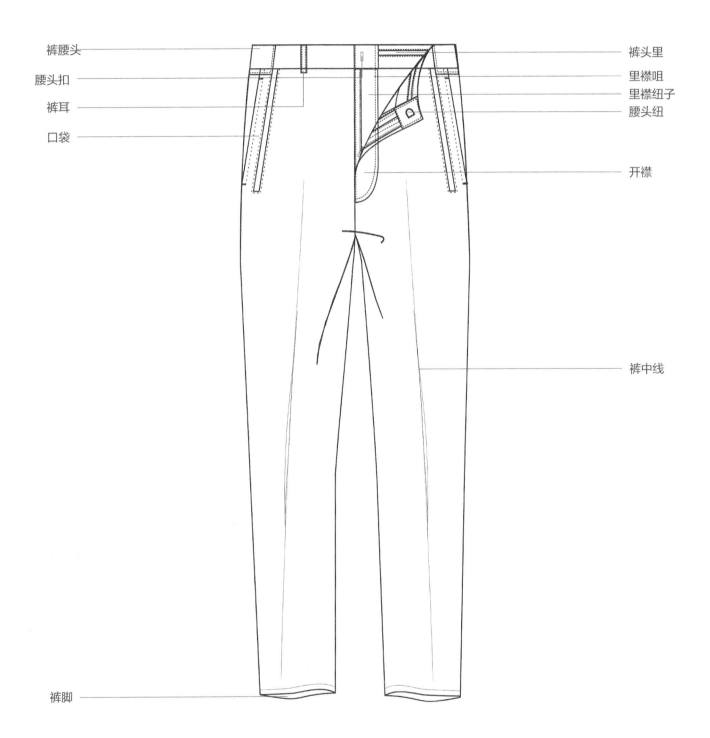

裤腰头

腰头扣

裤耳

口袋

裤头里

里襟咀

里襟纽子

腰头纽

开襟

裤中线

裤脚

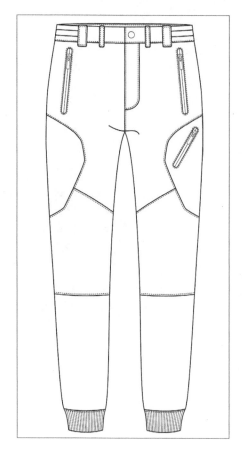
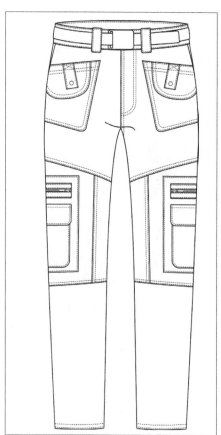
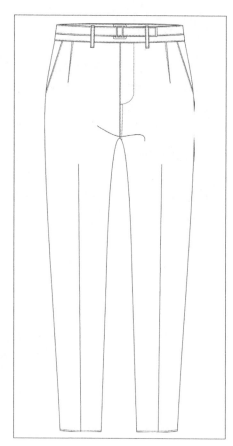
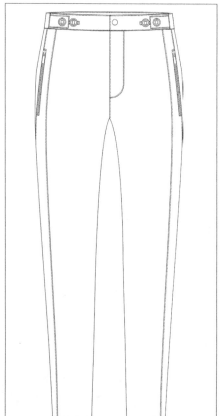
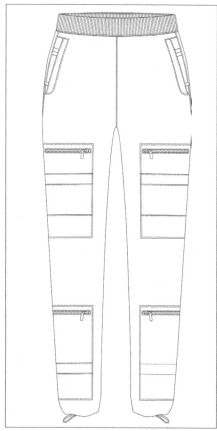
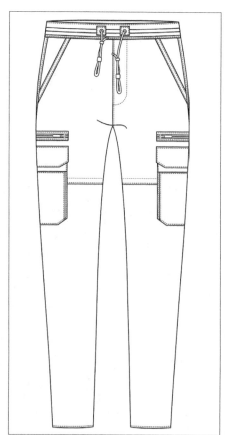

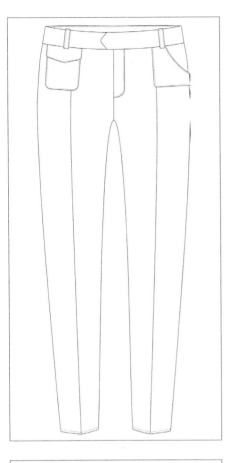

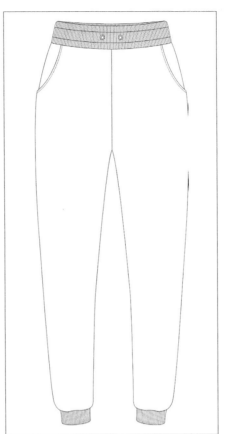

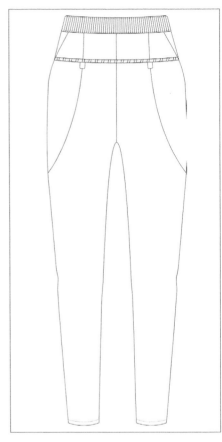

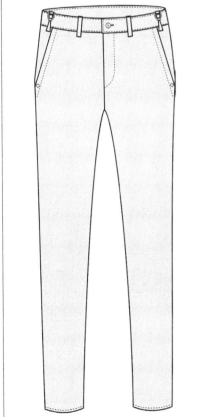

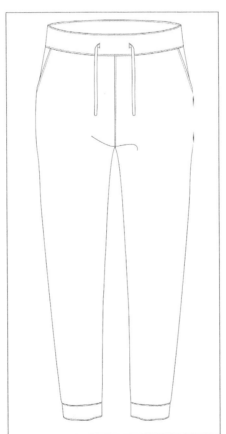

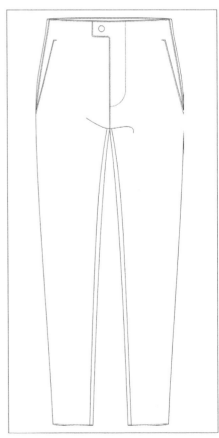

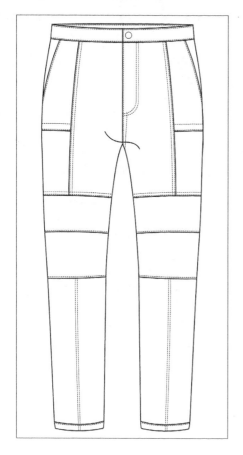

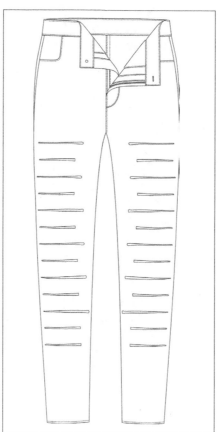

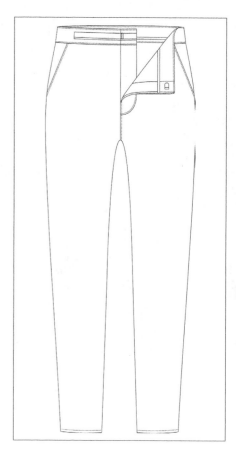

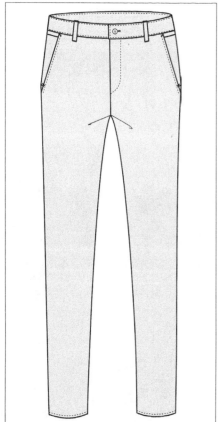

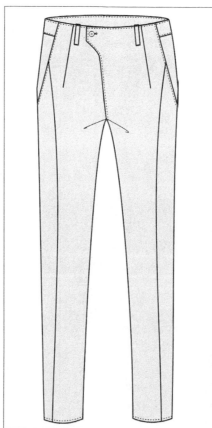

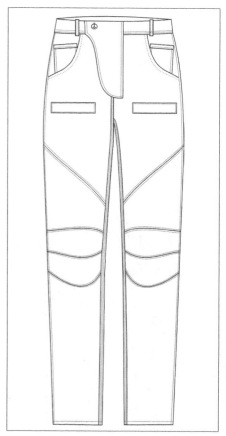

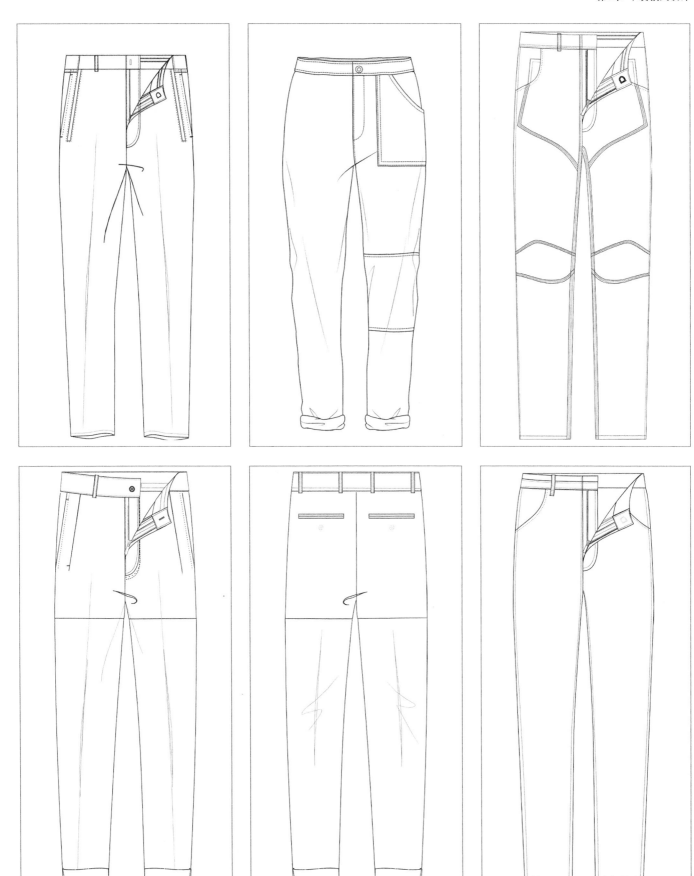

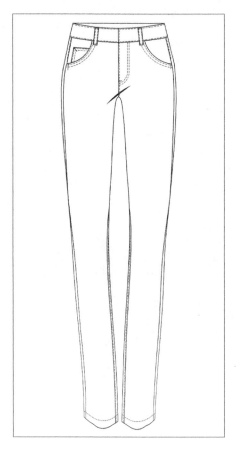

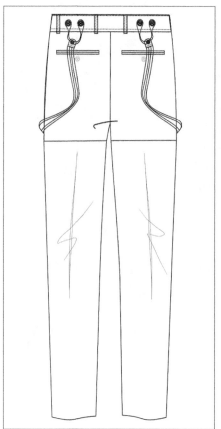

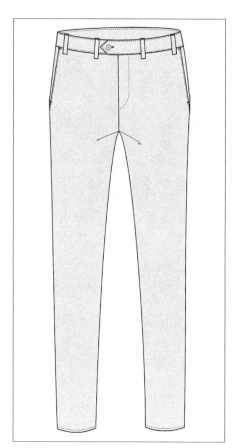

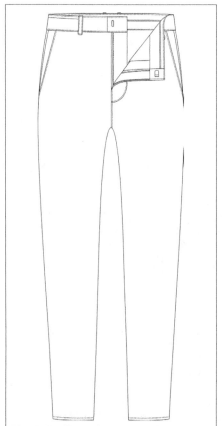

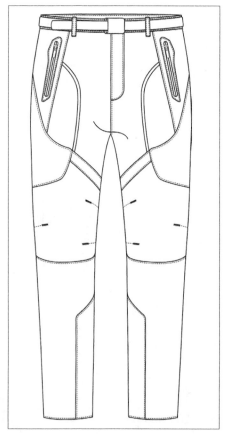

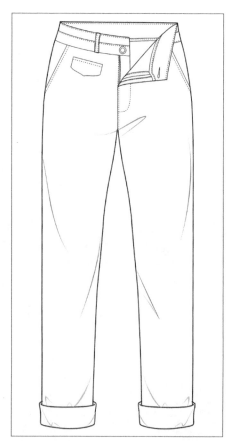

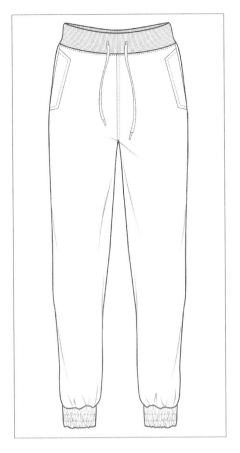
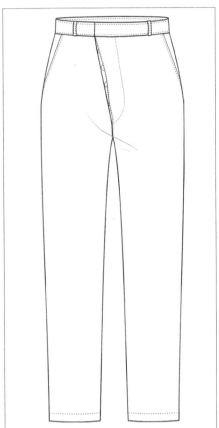
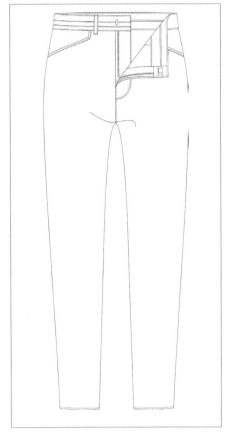
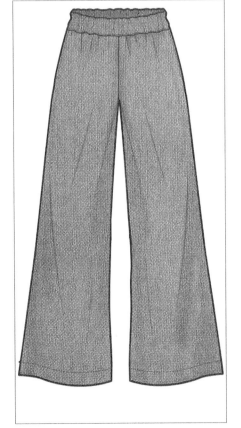
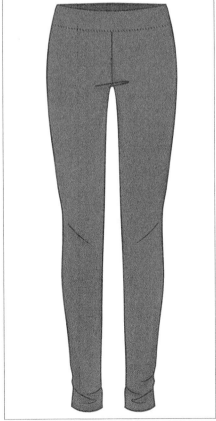
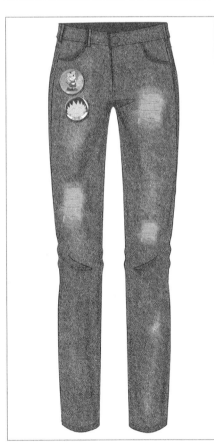

七分裤款式设计

七分裤是春、夏、秋三季常见的款式，裤长在膝盖之下，整体款式较长裤更加轻松；女士七分裤以宽大款式居多。七分裤的特点是穿着后整个人看起来年轻随性，是很多年轻人的最爱。现在有些大服装品牌在一些高级定制中也会做一些适合中年人穿的七分裤，配合披肩，彰显人的沉稳气质。

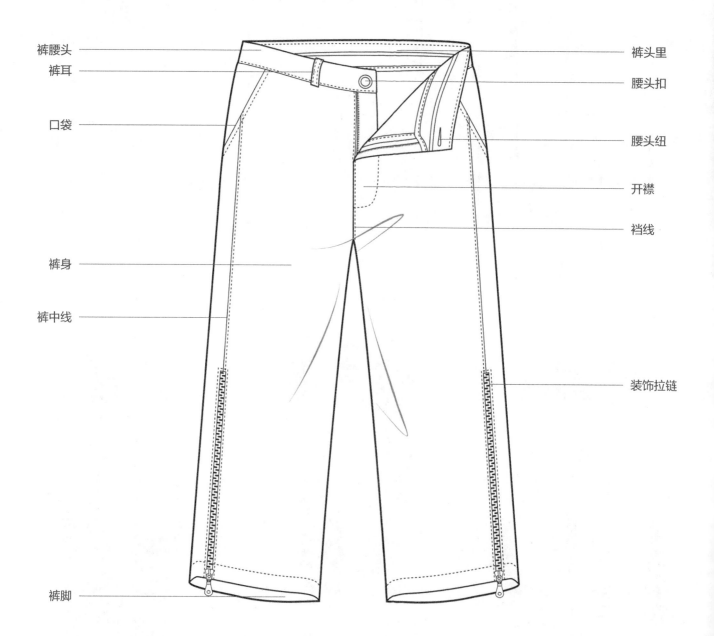

裤腰头
裤耳
口袋
裤身
裤中线
裤脚

裤头里
腰头扣
腰头纽
开襟
裆线
装饰拉链

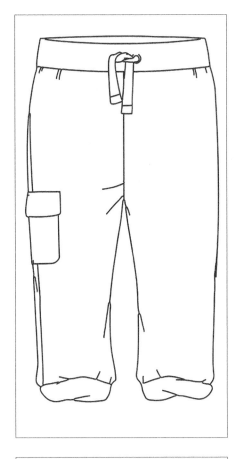

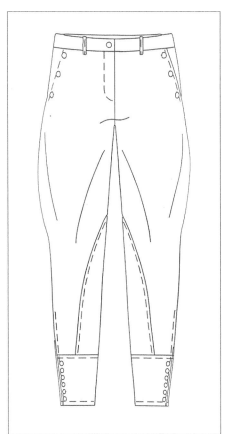

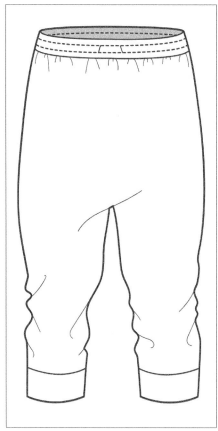

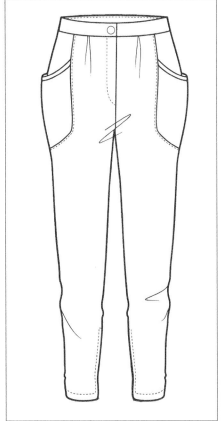

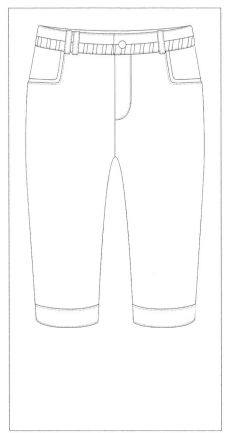

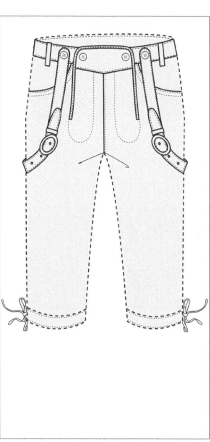

短裤款式设计

　　最原始的短裤类似于现在的七分裤，但是随着时代的变迁和人们观念的开放，短裤逐渐越来越短，更有热裤类型。短裤的结构与裤子的结构类似，只是在人台原型上截取的位置较短，款式的重点在腰头和臀部细节位置。把握住人台原型才能做出更符合人体形态的短裤。

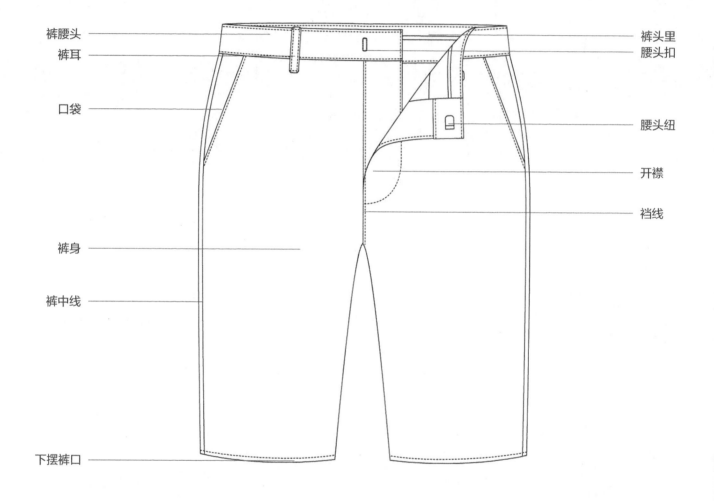

裤腰头
裤耳
口袋
裤身
裤中线
下摆裤口

裤头里
腰头扣
腰头纽
开襟
裆线

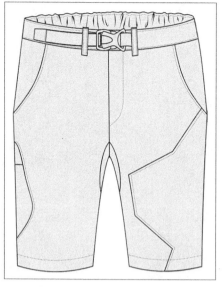

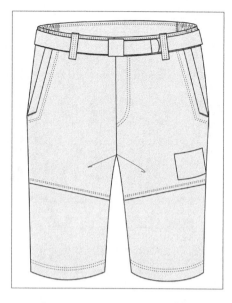

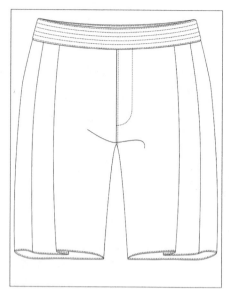

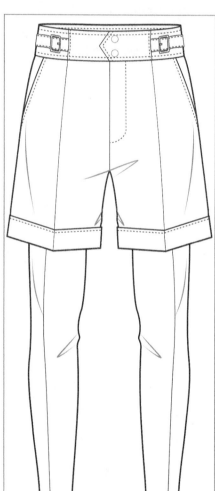

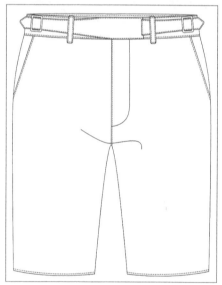

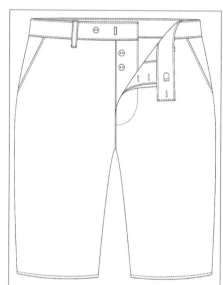

短裙款式设计

　　短裙是裙子的一种，主要体现在长度的变化上。常见的短裙款式有皮质短裙、包臀短裙、泡泡短裙、高腰短裙和流苏短裙等。不同面料质感的短裙适合不同的季节穿着。

内衬

腰头

下摆

缝合装饰线

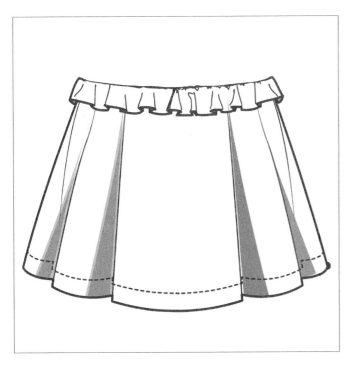

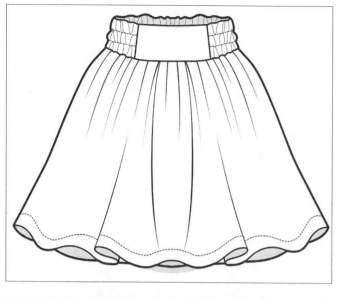

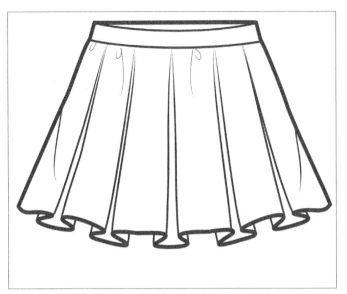

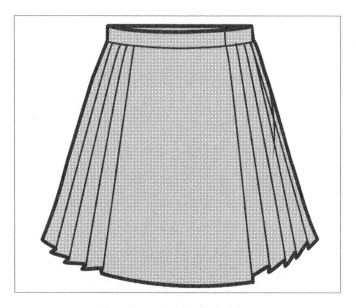

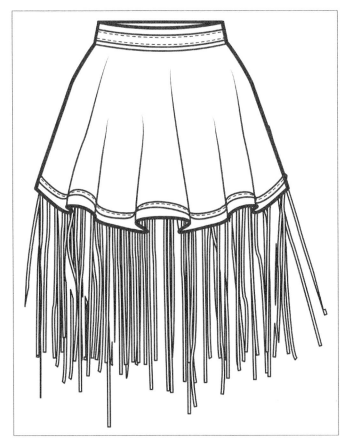

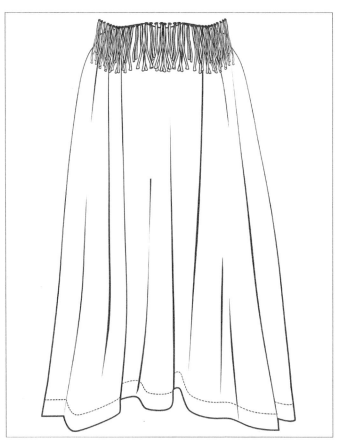

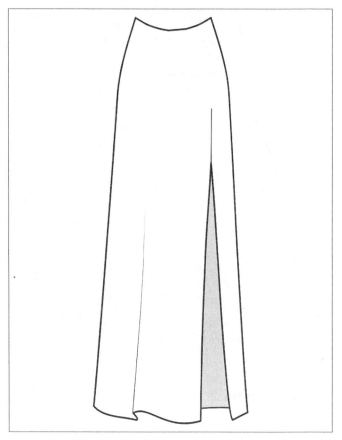

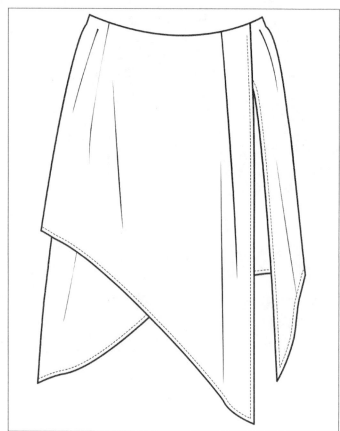

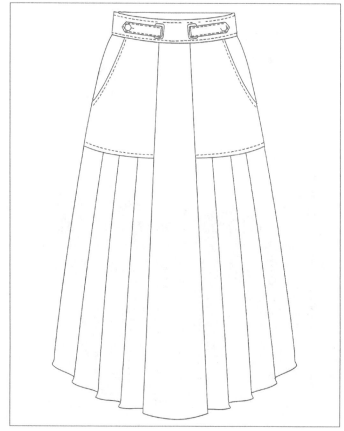

包臀裙款式设计

　　包臀裙是近年来时尚年轻女孩中最常见的裙子款式，特点是裙长多为中长，个别较短；服装面料以弹性的居多，围绕人体凸显玲珑有致的身材，十分性感。包臀裙的款式结构简单，包括腰头和裙身，大多是一片裙。

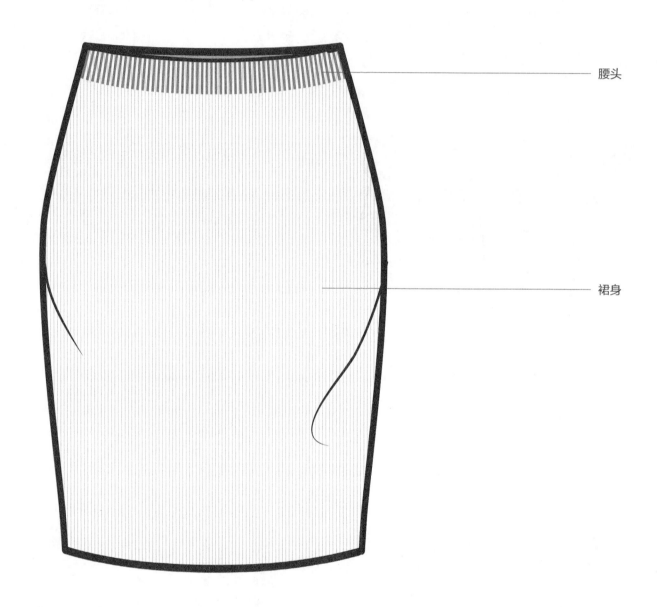

腰头

裙身

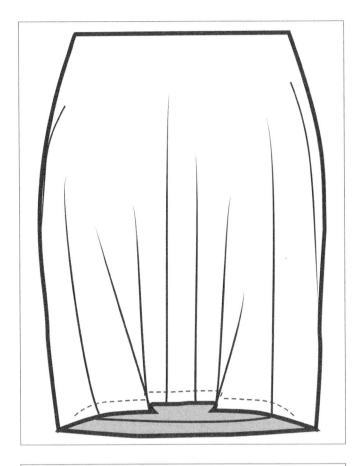

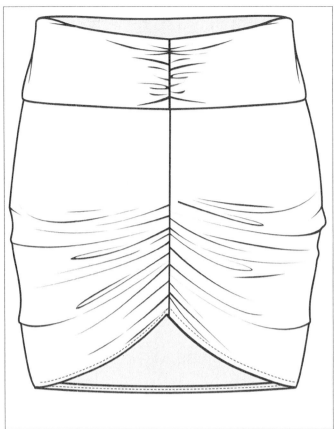

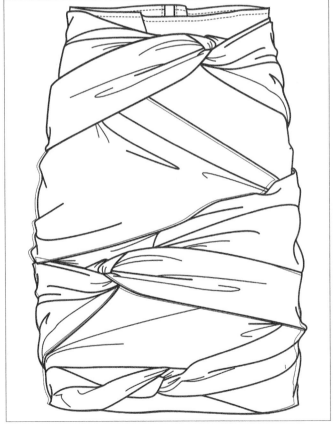

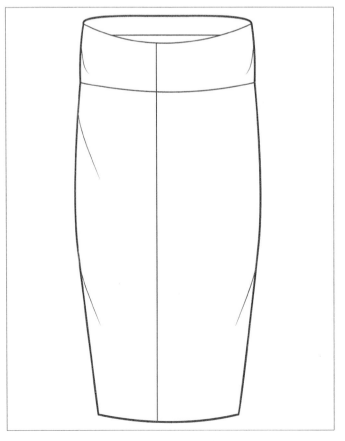

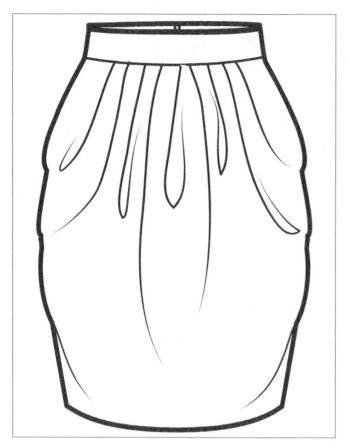

第4章

一体装款式设计

一体装包括连衣裙、抹胸裙和礼服等款式，以女性服装居多。因为款式比较美观，所以在我们的日常生活中会经常看到。

一体装款式设计实例解析

裹胸裙款式设计实例解析

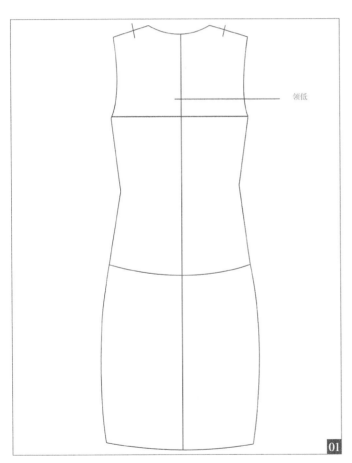

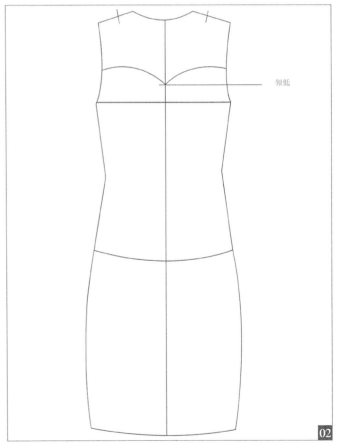

01 本案例所绘制的裹胸裙是一款长裙，所以需要根据整身人台原型进行绘制。首先确定领低。

02 画出领子围绕胸部的轮廓，在绘制时一定要在原型上标记出中心点和衣领点。

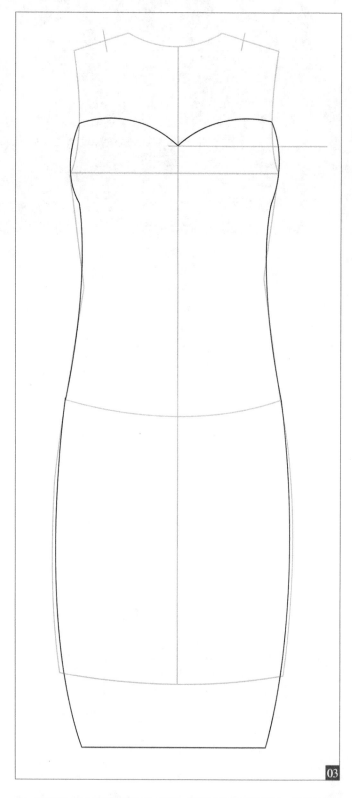

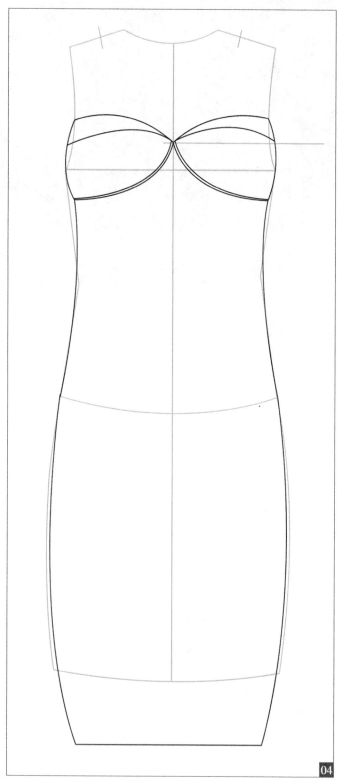

03 绘制出整个裹胸裙的外轮廓。裹胸裙采用的面料一般都是有弹性的，能表现出女性的身材美。在绘制款式图的时候要将臀部以下位置往里收，这样穿起来才会让身材更加玲珑有致。

04 完善细节。

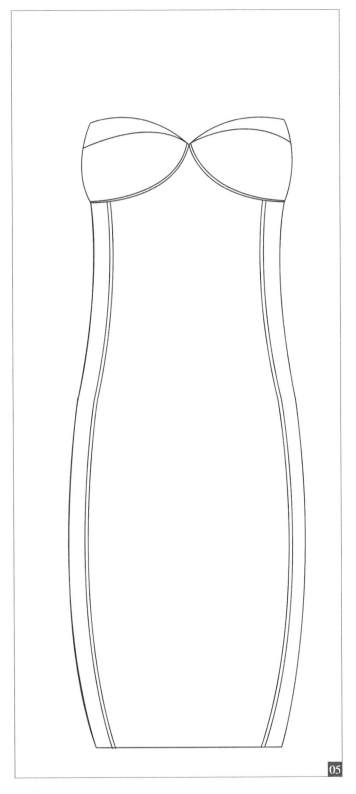

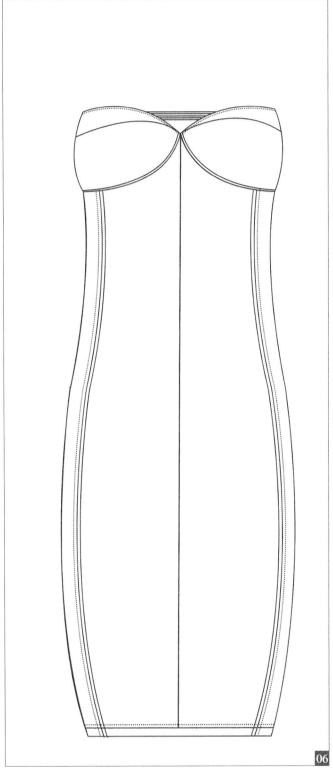

05 画出裙子的分割线。

06 画出缝合线和领子部位的细节，完稿。

连衣裙款式设计实例解析

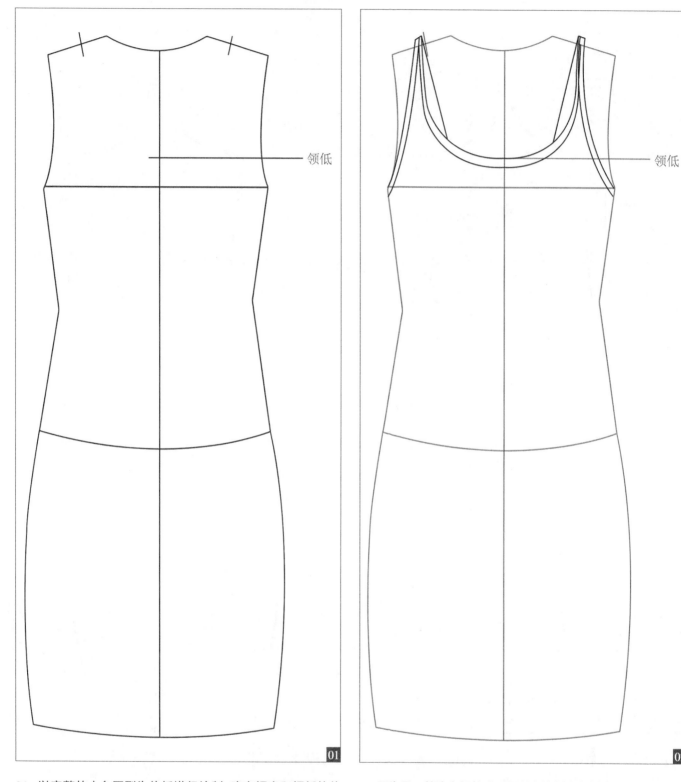

领低

领低

01 以完整的人台原型为依托进行绘制, 确定领宽和领低的位置。

02 因为是一款连衣裙款式, 所以先绘制出衣领的位置。

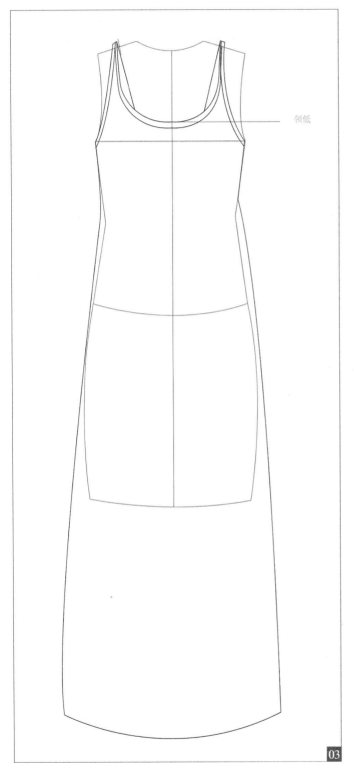

领低

03

04

03 绘制出连衣裙的外轮廓。

04 为连衣裙绘制褶皱，完成。

百褶裙款式设计

　　百褶裙又叫碎折裙，由很多垂直的褶皱构成。每一种款式的百褶裙的褶皱间的距离都是不同的，但是一般都在2~5cm之间。在设计的时候要了解整个裙身的长度，才能计算和设计出我们想要的褶皱。如果百褶裙的褶皱间距不统一，设计出的百褶裙看起来就会十分别扭，大家应该注意！

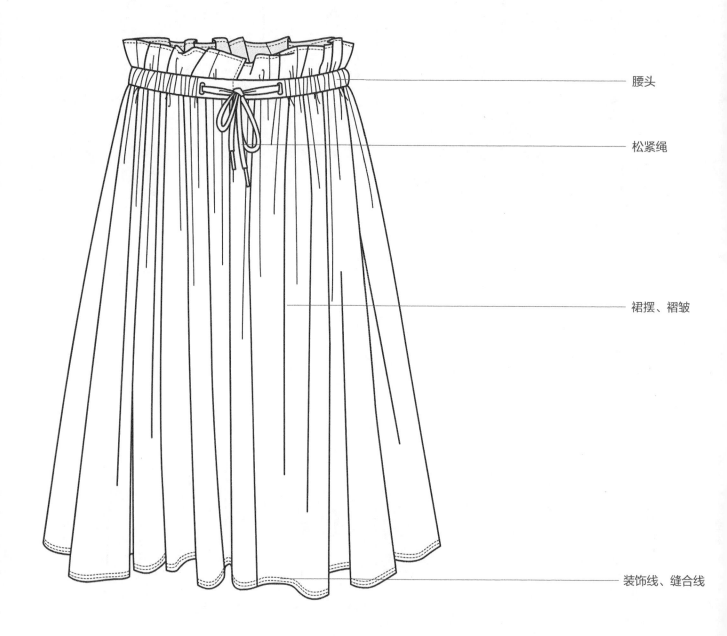

腰头

松紧绳

裙摆、褶皱

装饰线、缝合线

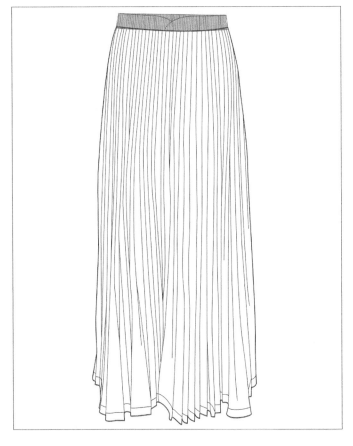

连衣裙款式设计

　　连衣裙是指吊带背心和裙子连在一起的服装。连衣裙还可以根据造型的需要，形成各种不同的轮廓和腰节位置。连腰型连衣裙包括低腰型（腰的位置在腰围线以下）、高腰型（腰的位置在腰围线以上）和标准型。因为衣和裙的连接恰好在人体的腰部，所以在服装行业中俗称它为"中腰节裙"。常见的款式有直身裙、A字裙、露背裙、礼服裙、公主裙、迷你裙和连衣裙等。

衣领

隐形拉链

袖笼

裁片分割线

腰带（也是腰节线分割点）

下摆

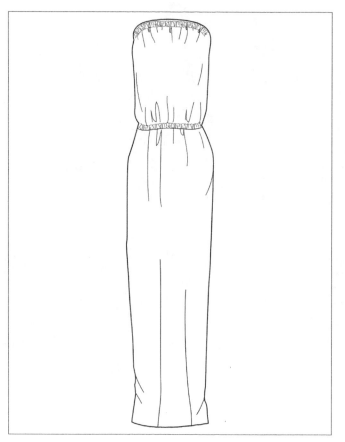

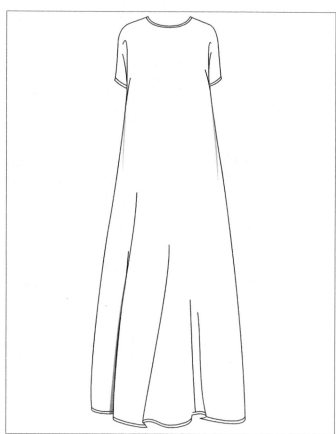

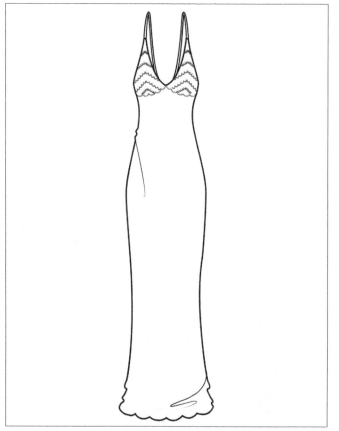

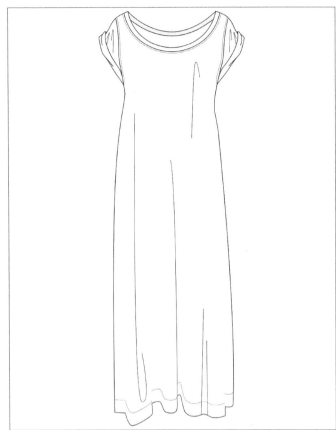

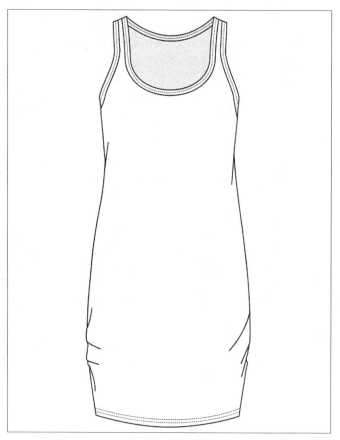

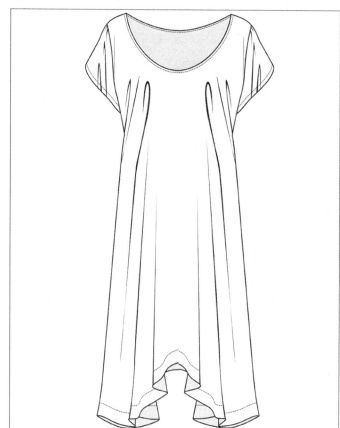

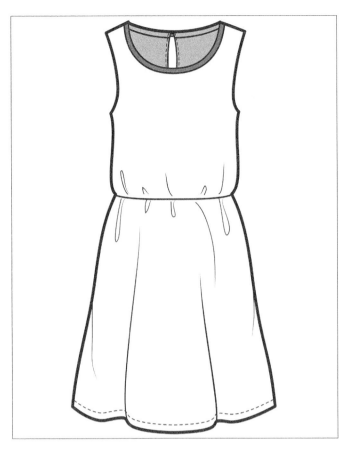

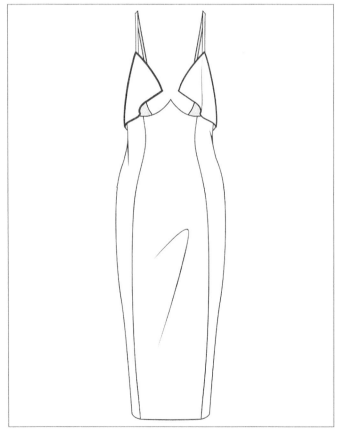

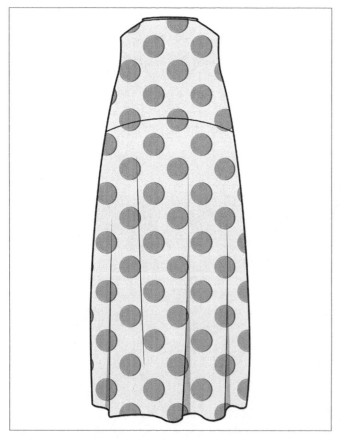

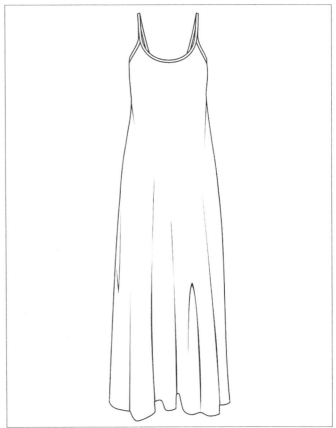

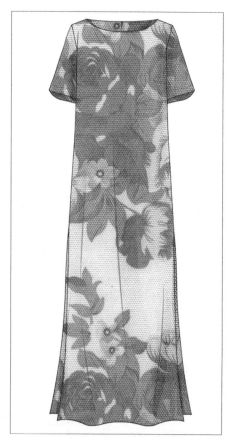

抹胸长裙款式设计

抹胸长裙也是连衣裙的一种，它在肩部和衣领部位省去了像连衣裙那样的款式结构，更加彰显女性肩部的线条。抹胸长裙大多会用两条透明的塑胶腰带进行固定。

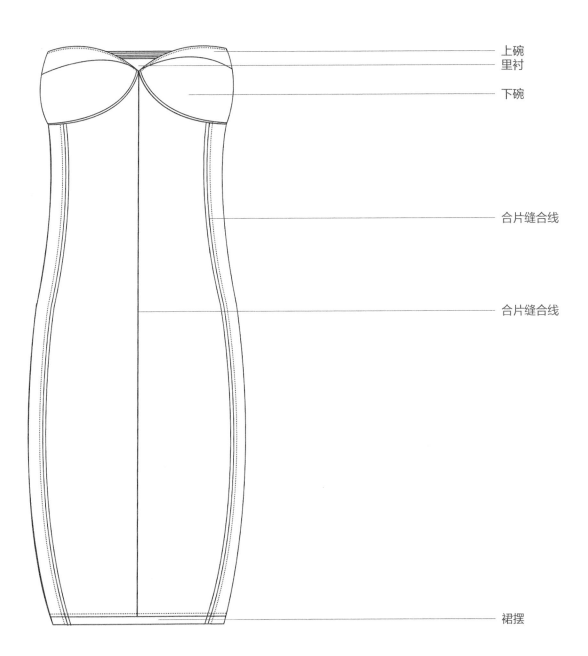

上碗
里衬
下碗

合片缝合线

合片缝合线

裙摆

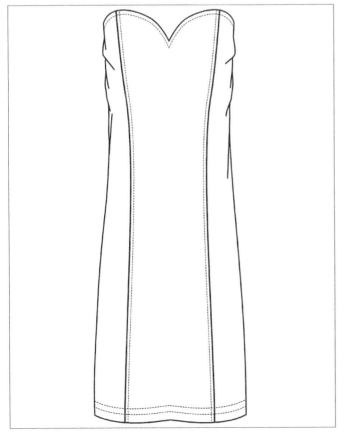

裙装款式总设计

　　这部分的内容中囊括了很多种类的裙子，例如包臀裙、百褶裙和直筒裙等。因设计师设计理念的不同，裙子的款式也会产生各种不同的变化，例如衣长的不同、褶皱间距的不同、领低的不同都会影响整个裙子的款式趋向。设计手法很多，发挥想象的空间很大，希望能够拓宽大家的设计思路，起到举一反三的作用。

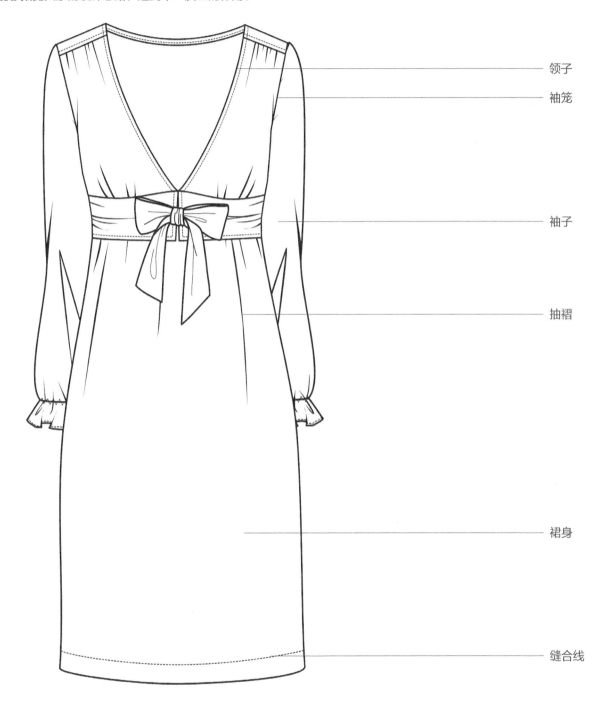

领子

袖笼

袖子

抽褶

裙身

缝合线

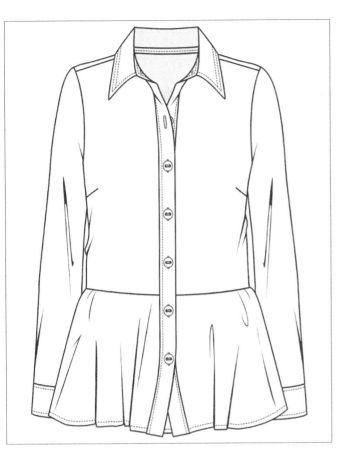

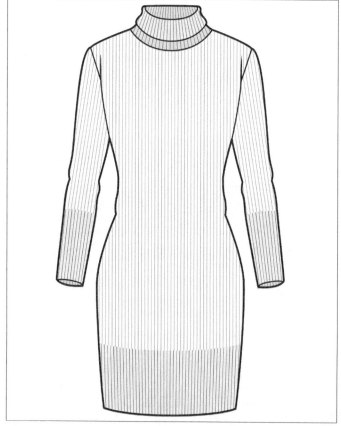

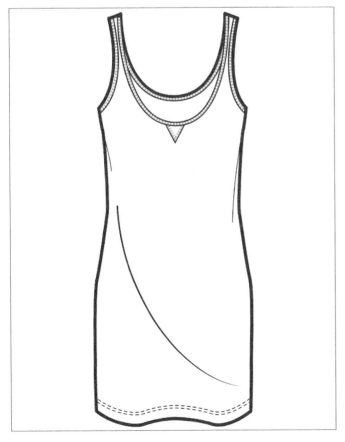

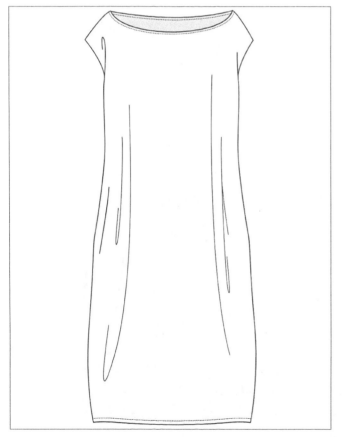

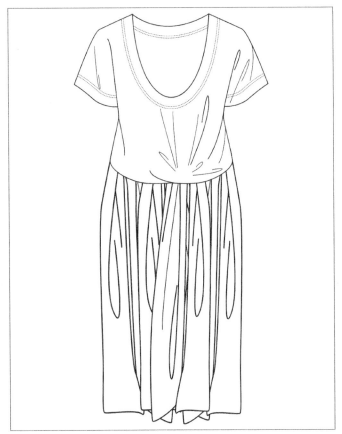

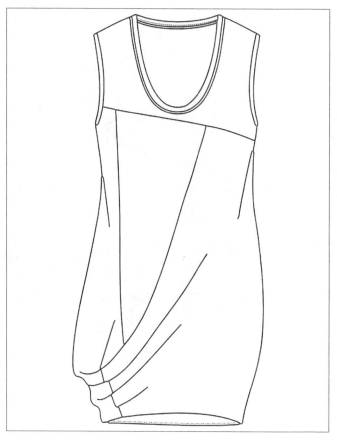

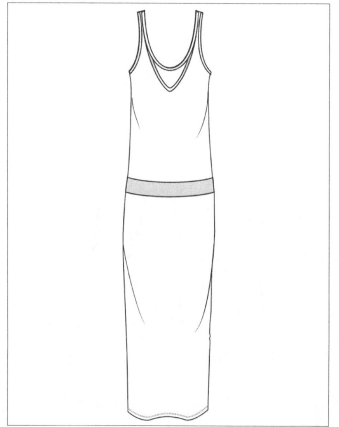
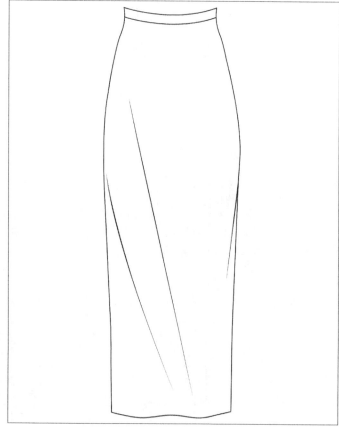

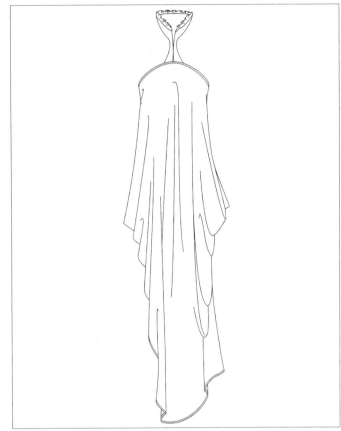

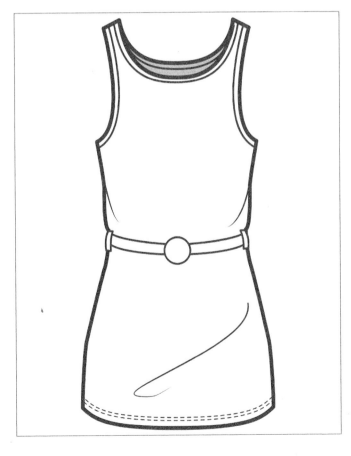

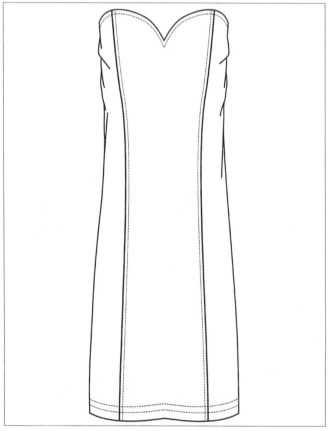

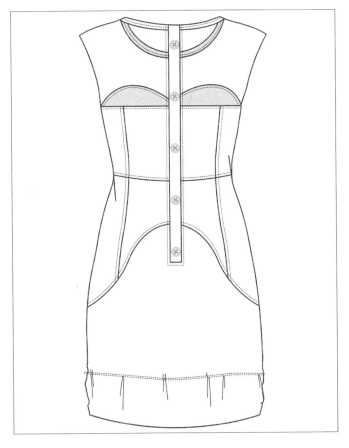

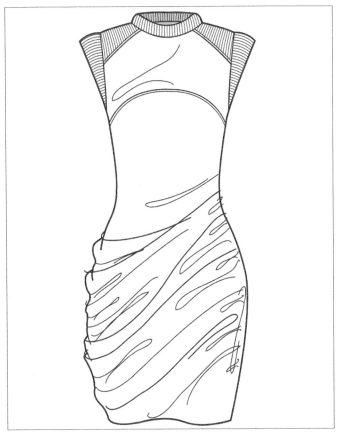

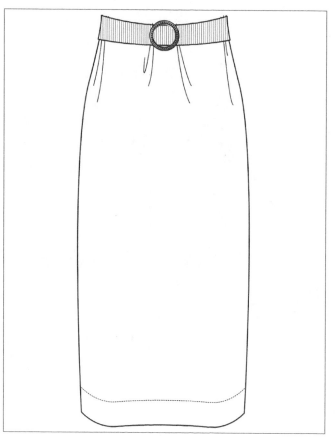

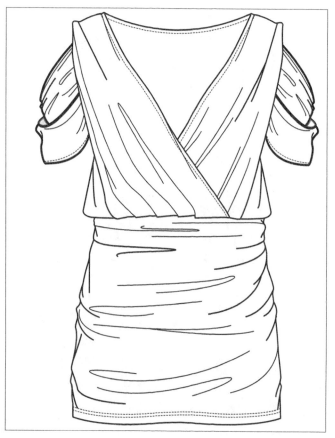

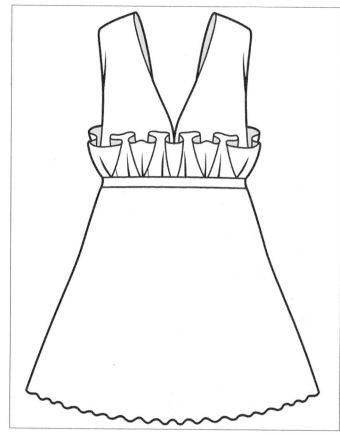

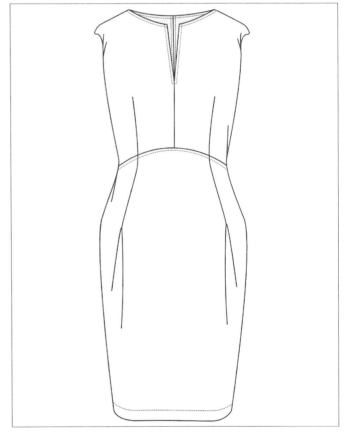

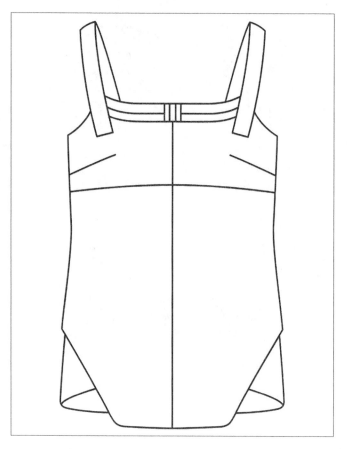

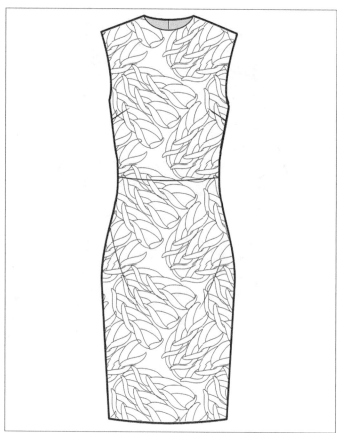

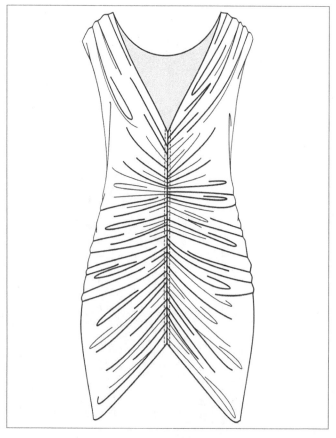

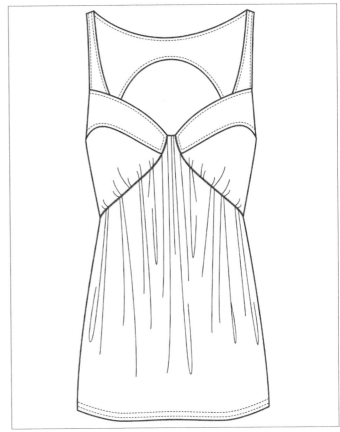

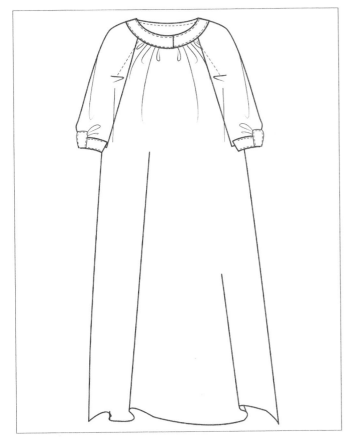

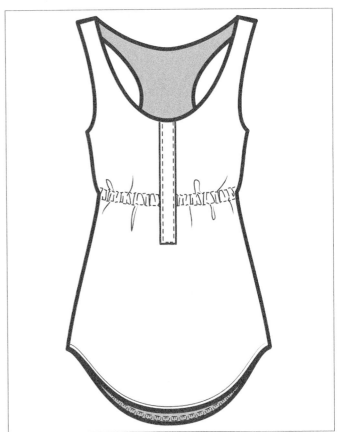

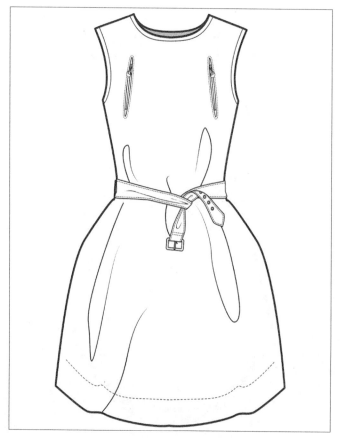

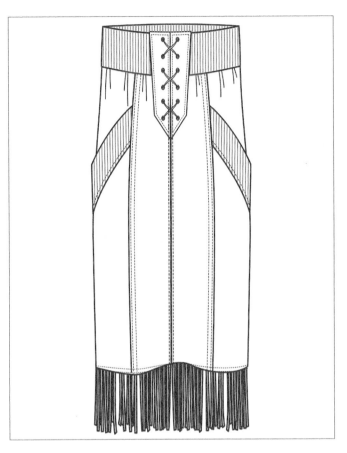

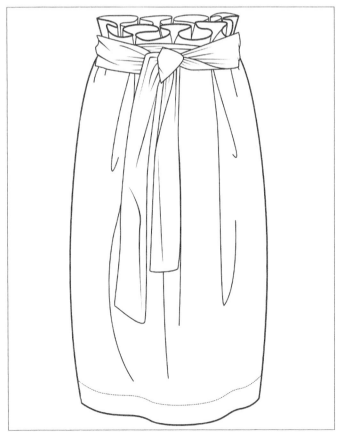

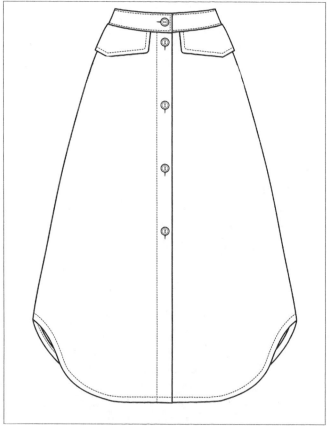

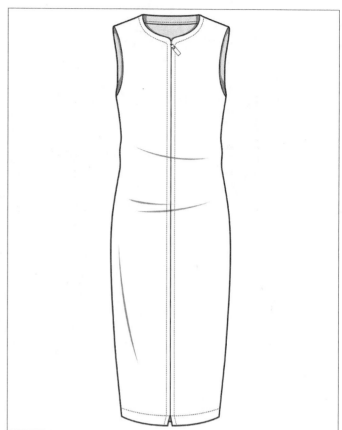

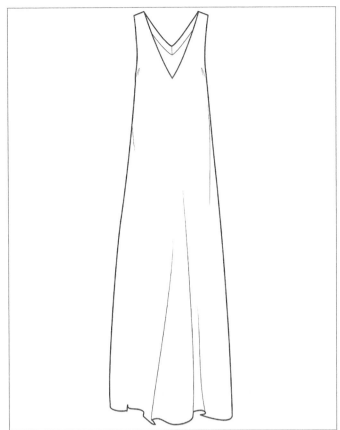

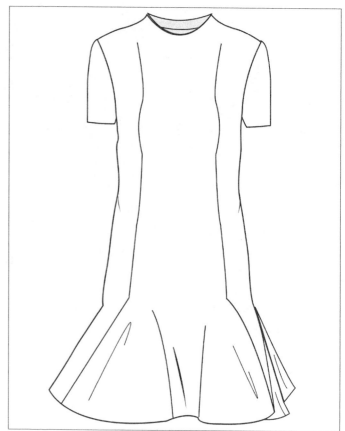

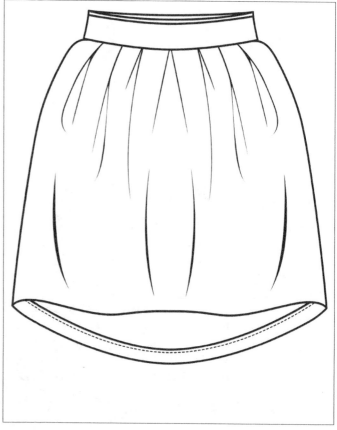

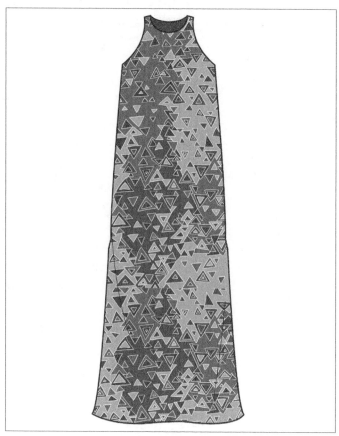

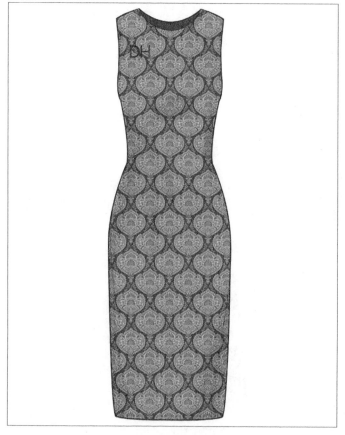